中国少儿百科知识全书 精装典藏本

ENCYCLOPEDIA FOR CHILDREN

精彩内容持续更新，敬请期待

ENCYCLOPEDIA FOR CHILDREN

中国少儿百科知识全书

南极和北极

前往世界尽头

陆龙骅 / 著

少年儿童出版社

最早的极地探险者向着地球两端艰难前行，高耸的冰峰、厚厚的冰层标志着他们进入了未知领地，但他们对冰雪世界里的一切都无法预料。

南极和北极是地球尽头的冰冻荒野，冰雪的冻结与消融主宰并塑造着这里的一切。对于大多数人而言，这里如同异域星球一样陌生：企鹅迈着滑稽的步子，走起路来左摇右晃；浑身雪白的北极熊，竟然有着黑色的皮肤；极昼出现时，太阳缓缓升起，似乎永远不会落下；极夜来临后，极光在天空舞动，把至暗的长夜照亮……

中国少儿百科知识全书

ENCYCLOPEDIA FOR CHILDREN

总　序

科技是第一生产力，人才是第一资源，创新是第一动力，这三个“第一”至关重要，但第一中的第一是人才。千秋基业，人才为先，没有人才，科技和创新皆无从谈起。不过，人才的培养并非一日之功，需要大环境，下大功夫。国民素质是人才培养的土壤，是国家的软实力，提高全民科学素质既是当务之急，也是长远大计。

国家全力实施《全民科学素质行动规划纲要（2021—2035 年）》，乃是提高全民科学素质的重要举措。目的是激励青少年树立投身建设世界科技强国的远大志向，为加快建设科技强国夯实人才基础。

科学既庄严神圣、高深莫测，又丰富多彩、其乐无穷。科学是认识世界、改造世界的钥匙，是创新的源动力，是社会文明程度的集中体现；学科学、懂科学、用科学、爱科学，是人生的高尚追求；科学精神、科学家精神，是人类世界的精神支柱，是科学进步的不竭动力。

孩子是祖国的希望，是民族的未来。人人都经历过孩童时期，每位有成就的人几乎都在童年时初露锋芒，童年是人生的起点，起点影响着终点。

培养人才要从孩子抓起。孩子们既需要健康的体魄，又需要聪明的头脑；既需要物质滋润，也需要精神营养。书籍是智慧的宝库、知识的海洋，是人类最宝贵的精神财富。给孩子最好的礼物，不是糖果，不是玩具，应是他们喜欢的书籍、画卷和模型。读万卷书，行万里路，能扩大孩子的眼界，激发他们的好奇心和想象力。兴趣是智慧的催生剂，实践是增长才干的必由之路。人非生而知之，而是学而知之，在学中玩，在玩中学，把自由、快乐、感知、思考、模仿、创造融为一体。养成良好的读书习惯、学习习惯，有理想，有抱负，对一个人的成长至关重要。

为孩子着想是成人的责任，是社会的责任。海豚传媒

与少年儿童出版社是国内实力强、水平高的儿童图书创作与出版单位，有着出色的成就和丰富的积累，是中国童书行业的领军企业。他们始终心怀少年儿童，以关心少年儿童健康成长、培养祖国未来的栋梁为己任。如今，他们又强强联合，邀请十余位权威专家组成编委会，百余位国内顶级科学家组成作者团队，数十位高校教授担任科学顾问，携手拟定篇目、遴选素材，打造出一套“中国少儿百科知识全书”。这套书从儿童视角出发，立足中国，放眼世界，紧跟时代，力求成为一套深受 7 ~ 14 岁中国乃至全球少年儿童喜爱的原创少儿百科知识大系，为少年儿童提供高质量、全方位的知识启蒙读物，搭建科学的金字塔，帮助孩子形成科学的世界观，实现科学精神的传承与赓续，为中华民族的伟大复兴培养新时代的栋梁之材。

“中国少儿百科知识全书”涵盖了空间科学、生命科学、人文科学、材料科学、工程技术、信息科学六大领域，按主题分为120册，可谓知识大全！从浩瀚宇宙到微观粒子，从开天辟地到现代社会，人从何处来？又往哪里去？聪明的猴子、忠诚的狗、美丽的花草、辽阔的山川原野，生态、环境、资源，水、土、气、能、物，声、光、热、力、电……这套书包罗万象，面面俱到，淋漓尽致地展现着多彩的科学世界、灿烂的科技文明、科学家的不凡魅力。它论之有物，看之有趣，听之有理，思之有获，是迄今为止出版的一套系统、全面的原创儿童科普图书。读这套书，你会览尽科学之真、人文之善、艺术之美；读这套书，你会体悟万物皆有道，自然最和谐！

我相信，这次“中国少儿百科知识全书”的创作与出版，必将重新定义少儿百科，定会对原创少儿图书的传播产生深远影响。祝愿“中国少儿百科知识全书”名满华夏大地，滋养一代又一代的中国少年儿童！

中国科学院院士
火山地质与第四纪地质学家

目 录

人们常说：“如果一个人站在南极点，他的前后左右都是北方；如果一个人站在北极点，他的前后左右都是南方。”

南北极的奥秘

当午夜的太阳真真切切出现，当一根“老冰棍”记录了几十万年的地球往事，当极光时而平静时而张狂……南北极究竟还有多少秘密？

极地！极地！

探索未知之地是人类的天性，唯一真正失败的，是我们不再去探索。

——沙克尔顿

中国极地科考

从第一面五星红旗飘扬在南极，到“两船、六站、三飞机、一基地”，中国成功跻身极地考察大国行列。

气候变变变

在地球漫长的历史中，“后天”是否真实上演过？距今大约 1.29 万年前，地球的确变成了一个“极寒地狱”，不过……

向极地进发

“一言不发、二目无光、三餐不思、四肢无力、五脏翻腾、六神无主、七窍生烟、八方不适、久卧不起、实在难受”，正是穿越南极“鬼门关”的生动写照。

附　录

地极和磁极

南极和北极统称为极地。

在地球的南北两端，一望无垠的白色冰原就像两顶白色王冠，覆盖在南极和北极之上。人们常说："如果一个人站在南极点，他的前后左右都是北方；如果一个人站在北极点，他的前后左右都是南方。"

地理南北极

地球绕着地轴不停自转，地轴与地表的两个交点就是南极点和北极点。不过，我们通常所说的"北极"，并不仅限于北极点，而是整个北极圈以北的地区，也就是北纬66°34′以北的广大区域，即北极地区。同样地，南极也并不仅限于地球最南端的那个点，不过，根据《南极条约》，南极地区包括南纬60°以南的广大区域，所以南极的实际范围比北极的更大。

地球是圆的吗?

我们常说地球是圆的，但它真的是圆的吗？事实上，在赤道处，地球的半径约6378千米，而在极地处，地球的半径只有约6357千米。不过，由于足够庞大，即使赤道半径与极半径相差21千米，地球的扁率也只有约0.00335。由此看来，地球虽然不是一个完美的球体，但还是比较圆的。

早在公元前6世纪，古希腊数学家毕达哥拉斯就提出，大地是球体。

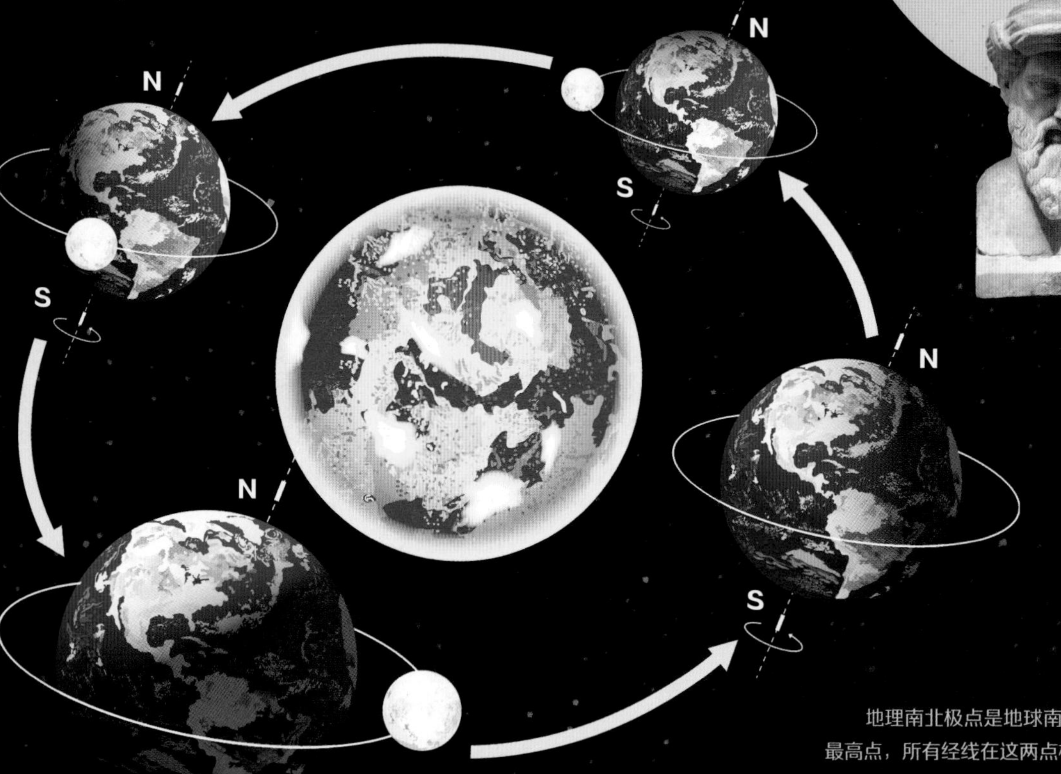

地理南北极点是地球南北纬度的最高点，所有经线在这两点相聚。

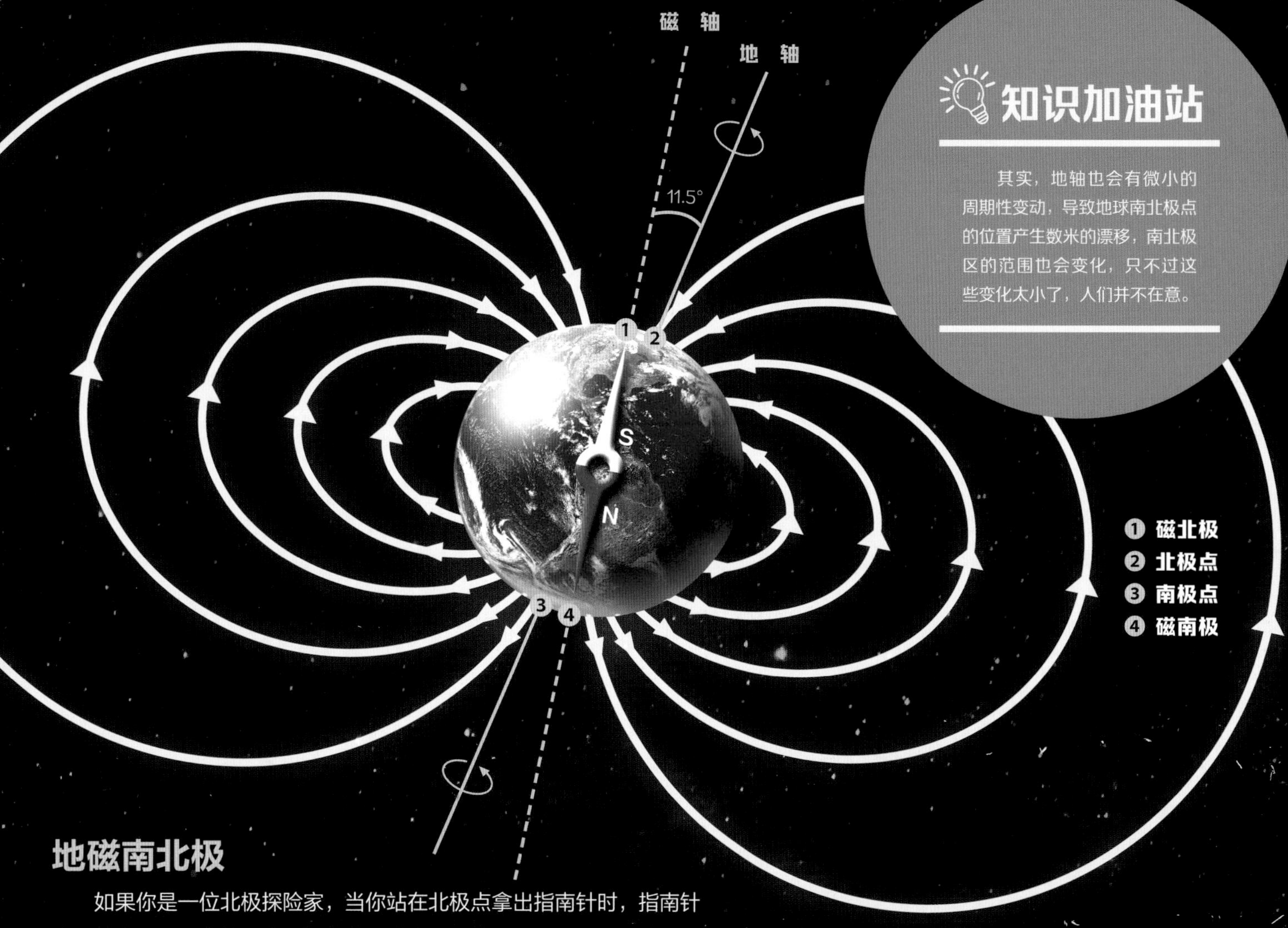

知识加油站

其实，地轴也会有微小的周期性变动，导致地球南北极点的位置产生数米的漂移，南北极区的范围也会变化，只不过这些变化太小了，人们并不在意。

地磁南北极

如果你是一位北极探险家，当你站在北极点拿出指南针时，指南针会突然失灵吗？当然不会，指南针照样会正常转动，因为你所站的位置是地理北极点，而不是磁北极。不过，要是你跟着指南针指示的北方继续前行，一旦指南针突然失灵，说明你已经到达磁北极。

地球像一块巨大的磁铁，由一条磁轴贯穿南北。地磁极的位置与地理极点很接近，但并不在同一个地方，那是因为地轴和磁轴并不重合，它们之间有着大约 11.5°的夹角。而且由于磁轴的位置并不固定，地磁极一直在不停地移动。

从发现以来，磁北极逐渐向地理北极点的方向靠拢，磁南极却在不断远离地理南极点。

由于地球不停自转，地球外核的液态铁被扭曲成螺旋状。

“地球发电机”

地球的磁场究竟从何而来？地球外核中的液态铁持续对流，当它通过一个早已存在的弱磁场时，会产生电流。这些电流反过来又产生自己的磁场，还增强了原来的磁场。如此一来，一个维持自身电力的发电机就形成了。这便是“地球发电机”理论。

被大陆包围的冰雪海洋

英语里“北极”（Arctic）一词源自希腊语“Arktos”（大熊座）。人们用大熊座辨别北方，正对大熊座的方向因此被称为“Arctic”（北极）。

北极圈（北纬66°34′）以北有一片被大陆包围的冰雪海洋，它像一顶白色的帽子，戴在地球的北端，这就是北冰洋。

白色海洋

北极没有大片陆地，它的中心被白茫茫的冰雪覆盖，其实那是一个冰封的白色海洋——北冰洋。北冰洋占整个北极地区面积的60%以上，它的表面是厚达2～4米的海冰，冰层下则是平均深度为1200～1300米的冰冷海水。

由于洋流无时无刻不在运动，北冰洋的边缘有数不清的冰山、浮冰在不停漂浮、裂解、融化，所以海冰的南界并不固定，往往能变动几百千米。一些冰山顺着海流向南漂去，一直漂向大西洋，最远可到北纬42°。它们飘忽不定，给过往的船只带来了极大的威胁。

1912年，泰坦尼克号首次航行时，撞上了一座从北极洋面漂出的冰山，酿成了世界航海史上著名的“冰海沉船”惨剧。

300万年

北冰洋的海冰平均厚约3米，中央北冰洋的海冰已经有300万岁高龄了。

朗伊尔城

北极苔原

盛放的北极棉

北极熊

最北的城市

人类最北的定居地有多北？朗伊尔城深藏于北极圈内，地处北纬78° 13′，距离北极点仅1300千米，是世界上最北的城市。1906年，美国人约翰·朗伊尔来到斯瓦尔巴群岛，从挪威人手里买下了岛上的一座煤矿，并在附近建起第一座房子。随着越来越多的彩色房子出现，这座小城便被命名为朗伊尔城。不过，这是一座禁止出生和死亡的城市，孕妇在预产期前一个月必须离开，死亡在这里也被判定为违法。

世界第一大岛——格陵兰岛

大约在公元10世纪，维京海盗“红胡子埃里克”和他的伙伴从冰岛出发，一路向西北航行，意外发现了一片新土地。每到短暂的夏季，这片土地上长满嫩绿的植物，与四周的冰雪荒原迥然不同。埃里克见此情状，将这片土地命名为“格陵兰”（Greenland），意为“绿色的土地”。

其实，格陵兰岛并不像当初给它取的名字那样充满生机，这里气温最低可达 -70℃，是地球上仅次于南极洲的第二个“寒极”。格陵兰岛靠它厚厚的冰盖，才得以高耸在海面上。如果岛上的冰雪全部融化，整个格陵兰岛可能不再是一块完整的陆地，而是一个群岛。

这里很热闹！

北极并非一块极寒的不毛之地，即使在北纬80°左右的格陵兰岛北部地区，我们仍然可以看到各种各样的开花植物。

北极的夏天虽然短暂，却也算得上鸟语花香。地衣和苔藓密密麻麻地连成一片，矮小的耐寒小灌木匍匐生长，有花植物抓紧时机开出华丽的花朵……动物也活跃起来，它们忙着繁殖后代，抓紧时间获取食物，积累足够的营养和皮下脂肪，以应对漫长的冬季。即使到了漫漫极夜，海象、海豹也时常出没在冰上和水中，“北极之王”北极熊还会四处游荡，以期觅得一顿饱餐。

知识加油站

因纽特人

圆顶冰屋

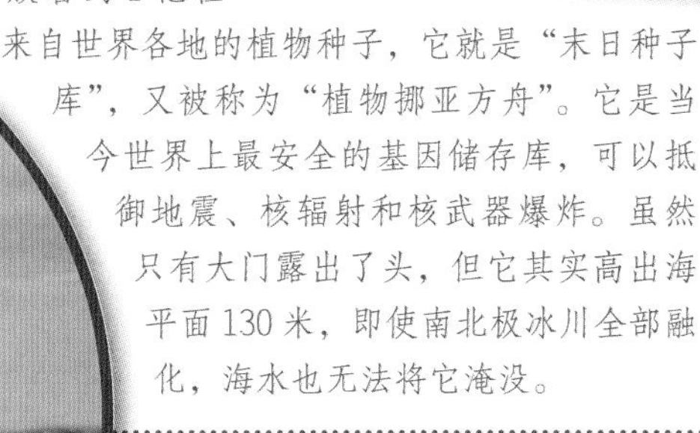

因纽特人是北极地区的原住民，多以海上狩猎为生。为抵御酷寒，他们用驯鹿毛皮制衣，还用雪块砌出圆顶冰屋，供游猎时暂住。

末日种子库

在距离北极点约1300千米的斯瓦尔巴群岛的永久性冻土之下，一座冰封的地窖中存放着约1亿粒来自世界各地的植物种子，它就是“末日种子库”，又被称为“植物挪亚方舟”。它是当今世界上最安全的基因储存库，可以抵御地震、核辐射和核武器爆炸。虽然只有大门露出了头，但它其实高出海平面130米，即使南北极冰川全部融化，海水也无法将它淹没。

被海洋包围的冰雪大陆

南纬 60° 以南有一片被海洋包围的冰雪大陆，它像一顶白色的帽子，戴在地球的南端，这就是南极洲。

“白色沙漠”中有一块无冰谷地——麦克默多干谷，谷地中央十分干燥，既无冰，也很少有降水，贫瘠的地面散布着裸露的岩石，还有海豹等动物的残骸。这里被人们称为“地球上最像火星的地方”。

白色沙漠

在冰冷的南极大陆，下雨天非常罕见，降水几乎都是以雪的形式出现。虽然南极到处都是冰雪，但仅就降水量而言，南极大陆算得上最干燥的大陆。它被海洋包围，海上的湿空气只能侵入沿岸地区，很难进入内陆。南极大陆腹地年平均降水量不足 50 毫米，在南极点，年平均降水量甚至只有 3 毫米，比非洲撒哈拉沙漠的还要少。因此，南极冰原也被称为“白色沙漠”。

麦克默多干谷

冰雪高原

如果与其他大陆并排“站”在一起，南极大陆似乎是个“巨人”，它的平均海拔高达 2350 米，是地球上最高的大陆。

南极由于气候严寒，冰雪蒸发得极慢，降落的雪大多积存起来，经过漫长的时间，形成了厚厚的冰层，冰层的平均厚度达 2000 米，最厚可达 4750 米，俨然一座冰雪高原。除去这层厚厚的“伪装”，大陆基底的平均高度比海平面还要低 160 米，也就是说，如果南极冰层全部融化，南极大陆恐怕会消失在大海的波涛之中。

东南极洲

横贯南极山脉

南极半岛

西南极洲

文森山是南极最高点，海拔高度为 5140 米。

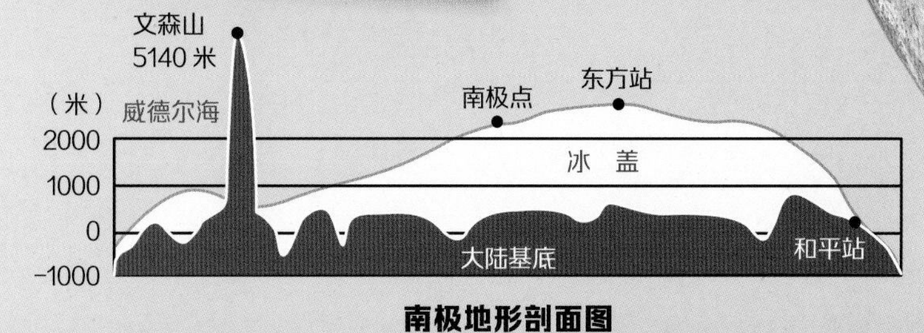

南极地形剖面图

世界寒极

世界上最寒冷的地方在哪里？答案就在南极，这里的年平均气温只有 -25℃！1983 年 7 月 31 日，在南极东方站，科考人员观测到 -89.2℃的极端低温。在这样的低温下，一块钢板掉在地上可能会摔得粉碎，一杯开水泼到空中会变成一道弧状冰雾。为什么“寒极”出现在东方站呢？因为东方站高耸于南极圈以内，纬度高，海拔高，又远离海洋，加上厚厚的冰层反射了大部分太阳光，所以它始终保持“高冷”。

俄罗斯东方站

100米/秒

法国的迪蒙·迪维尔站曾测到近100米/秒的最大瞬时风速，这个速度相当于12级台风的3倍。

世界风极

南极科考人员之间流传着一句话：“南极的冷不一定能冻死人，但南极的风能杀人。”南极是世界的“风极”，是“暴风雪的故乡”，一年中 8 级以上的大风天气多达 300 天。

南极的风为什么如此强劲？寒冷的南极大陆如同一顶中间高、四周低的大帽子，帽顶的冰盖高原与四周的沿海地区之间形成了巨大的陡坡。帽顶的空气因为受冷而变重下沉，它们一路沿着陡坡从顶端向四周俯冲而下，速度越来越快，形成强劲而迅疾的下降风。这是地球上威力最大的风暴之一，狂风挟带着冰雪，顺着滑溜溜的冰坡一路狂奔，仿若一道倾泻而下的瀑布。

一旦极地风暴来袭，企鹅们就会组成一个拥有数千名成员的“企鹅团”，依偎在一起取暖。

这里很荒凉！

比起北极的鸟语花香，南极荒凉得多。至今，这里都没有常住居民，只有少量科考人员在科学考察站轮流执勤。

从南极大陆腹地一眼望去，除了呼啸而过的狂风，几乎只剩下无比寂静的冰川。只在极少不见冰雪的谷地或沿岸地区，偶尔可见一星半点的苔藓、地衣等低等植物。虽然大陆边缘生活着一群“土著居民”——海豹、海狮、下海归来的企鹅以及终日盘旋在海空的信天翁等，但它们也得依靠海洋的恩赐，艰辛地捕食磷虾等猎物，才能勉强果腹。

冰之家族

极地上空的水不堪忍受奇寒，变成雪降落下来，年“覆”一年，慢慢变成了一个大冰盖。冰盖虽然寒冷，但由于地热作用，比较温暖的底部会出现冰融水，冰流便趁机乘坐“水滑梯”，义无反顾地流向大海。到了海边，故事就会变得更加精彩。

冰 盖

大家好，我是年龄最大、身材最魁梧的冰盖。我像一个又厚又大的锅盖，把南极大陆和格陵兰岛捂得严严实实。你们知道的，刚出生的六角形雪花总是轻盈又美丽，但极地常年狂风大作，雪花直接飘落的机会不多，会先在风中磨掉尖尖的棱角，变成像水泥粉一样的风积雪，再降落下来；年复一年，下部雪层被上部雪层压实，变成致密的粒雪；大大小小的粒雪紧紧地挤在一起，其间的空隙越来越小甚至消失，于是粒雪慢慢成了粒状冰；粒状冰在不断增厚的同时排出空气，结成致密、透明的淡蓝色冰川冰。一次次变身后，我终于有了如今的模样。

南极冰盖

我是南极冰盖，面积约1340万平方千米，陆地上90%的冰都在我这儿。如果我全部融化，全球海平面将上升65米左右。

格陵兰冰盖

我是格陵兰冰盖，面积约180万平方千米，平均厚度约1500米。如果我全部融化，全球海平面将上升6米左右。

冰 架

别看冰盖身材魁梧，一副岿然不动的样子，其实它无时无刻不在缓慢地流动，从中央向边缘，或者从高处向低处流动。不过，冰流常常刹不住车，到达海边后还会继续向外冲，最终漂浮在海面上。这些流入海中并浮在海上的冰流就是我——冰架，接地线将我和冰盖分开了。

冰　山

大家好，我是活泼好动的冰山。冰架冲入海洋后，波浪总是不停撞击它，导致它的边缘发生崩裂，巨大的冰体滑入海中，四处漂移。这些常年漂泊的巨大冰体就是我——冰山。不过，我非常擅长隐藏，你们看到的，不过是我身体的八分之一左右，我的大半个身子其实都藏在水里。

冰　山

海　冰

海　流

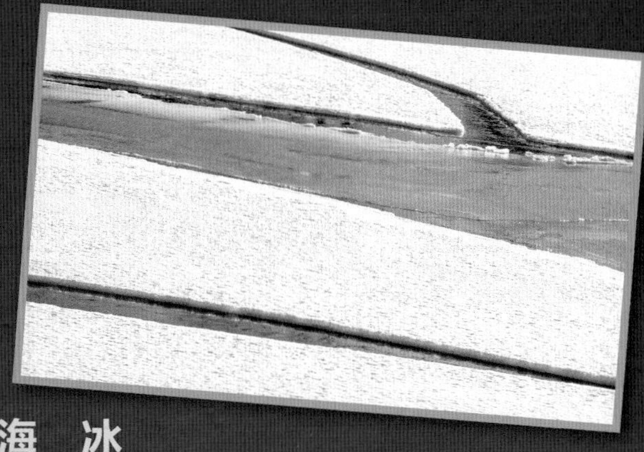

海　冰

和大家不同，我不是“雪孩子”，而是一个“冰娃”，因为我由海水冻结而成。淡水在0℃时就会结冰，但海水很咸，冰点低于0℃，越咸冰点越低。结冰时，海水会将大部分盐分排出来，来不及排出的盐分就被“困”在我的身体里，所以我略带咸味，但比海水淡得多。

❶ 初生冰

海水开始结冰时，析出了许多针状、薄片状、油脂状或海绵状的细小冰晶——初生冰，它们呈暗灰色。

❷ 冰　皮

初生冰遇冷进一步冻结，变成了厚约5厘米的冰皮。它的表面平滑、湿润、有光泽，能随风起伏。

❸ 尼罗冰

初生冰、冰皮继续增长，变成了厚约10厘米、有弹性的薄冰层——尼罗冰，它的表面无光泽，容易被风浪折碎。

❹ 莲叶冰

冰皮或尼罗冰破碎后，由于彼此互相碰撞、挤压，边缘一圈隆起，形成了直径30～300厘米、厚约10厘米的圆形冰盘——莲叶冰。在平静的海面上，初生冰也能直接冻结成莲叶冰。

罗斯冰架

我是罗斯冰架，居住在南极，是地球上最大的冰架，面积近50万平方千米。

❺ 灰　冰

寒冷持续，初生冰、冰皮、尼罗冰和莲叶冰混杂在一起，冰层厚度继续增加。一旦厚度增至10～15厘米，冰面变为灰色，此时的海冰被称为灰冰。

❻ 灰白冰

冰层厚度进一步增加到15～30厘米时，冰面从灰色变为灰白色，此时的海冰被称为灰白冰。它的表面粗糙，受到挤压时还会形成冰脊。

❼ 白　冰

冰层厚度增加到30厘米以上时，冰面变为白色，这时的海冰被称为白冰。它的表面凹凸不平，形状也极不规则。

在南北极点，一昼夜加起来不是 24 小时，而是整整一年。从某种意义来说，这里的一年就是一天。

极昼和极夜

我们习惯于太阳每天清晨从东方升起，傍晚从西方落下，但你见过午夜的太阳吗？在北极点，每当春分到来，太阳从地平线上缓缓升起，此后便一直待在天空。直到半年以后，秋分到来，它才“极不情愿”地缓缓落下，黑夜接替白天统治这里，时间也长达半年之久。

一天 24 小时白天或黑夜

在地球的两极地区，极昼和极夜彻底扰乱了人们“日出而作，日落而息”的生活节律。所谓极昼，就是太阳不落下，一天 24 小时始终是白天；所谓极夜，就是太阳不升起，一天 24 小时始终是黑夜。

太阳整日不落，它在天上会怎样转呢？以南极中山站为例，1990 年元旦当地 0 时，太阳在正南方，6 时 30 分太阳在正东方，中午 12 时太阳在正北方，17 时 24 分太阳抵达正西方。一天之中，太阳在天空由南一东一北一西一南跑了一圈。到了 7 月，正好相反，北极正值夏天，一天之中，太阳会在北极天空由北一东一南一西一北跑一圈。

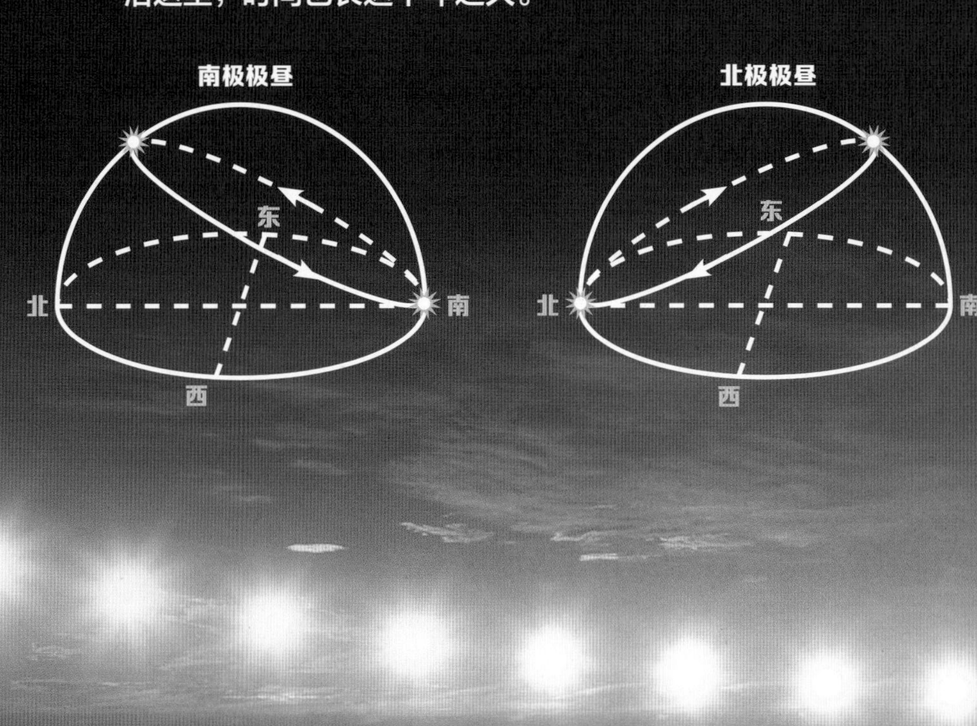

为什么有极昼和极夜？

我们的地球一刻不停地自转和绕太阳公转着，但由于它总是“斜着身子”，它的赤道面和公转的椭圆形轨道平面（黄道面）并不重合，而是形成了一个约 23.5° 夹角，即黄赤交角。因为黄赤交角的存在，春分到秋分期间，太阳直射北半球，北极点一直朝向太阳，全是白天；秋分到春分期间，太阳直射南半球，北极点一直背向地球，全是黑夜。

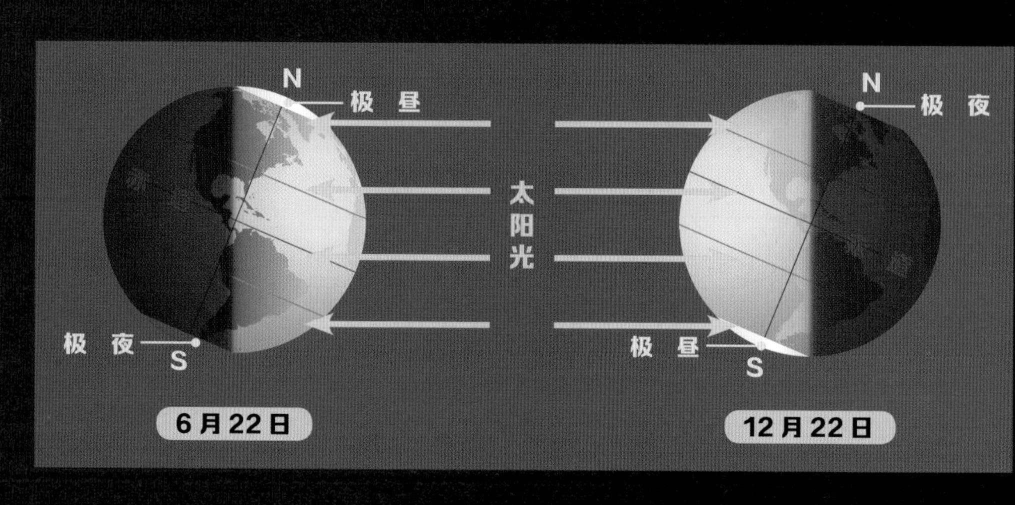

极昼和极夜一样长吗？

地球绕太阳公转的轨道是个椭圆形，而太阳并不位于椭圆的正中间，所以地球离太阳有时近有时远，对于北半球来说，地球夏半年比冬半年需要多走大约 58 万千米。公转速度也相应地有快有慢，北半球夏至前后，地球公转到远日点附近，公转速度较慢；北半球冬至前后，地球公转到近日点附近，公转速度较快。

最终，在这场“逐日赛跑”中，从春分经夏至到秋分，北极点的极昼长约 186 天；从秋分经冬至到春分，北极点的极夜短了 7 天多，只有约 179 天。

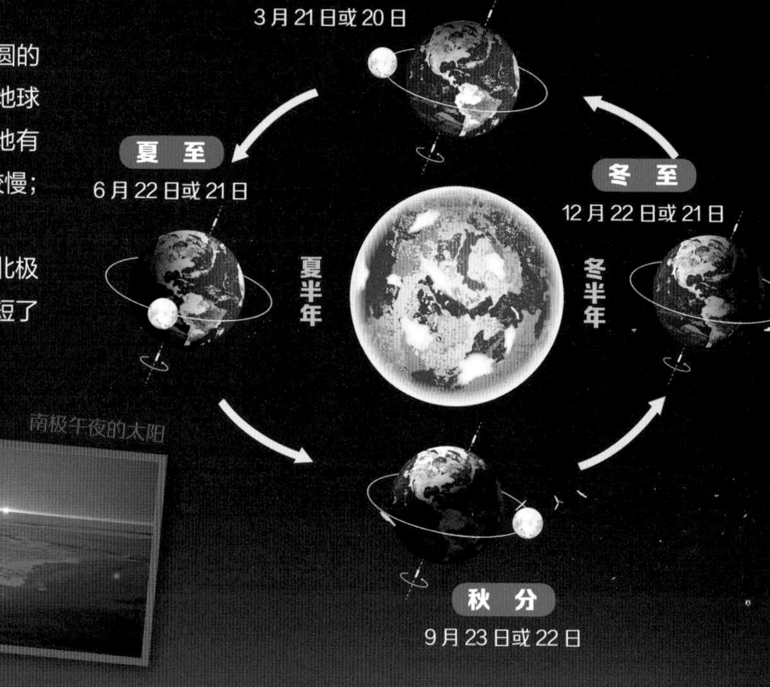

南极午夜的太阳

知识加油站

极昼期间，太阳一直挂在极地上空，极地冰川会因此完全消融吗？当然不会，要不然南极冰[illegible]

0:00 01:00 02:00 03:00 04:00 05:00 06:00 07:00 08:00 09:00 10:00 11:00

古气候档案馆

很久以前，世界上没有博物学家，没有气象学家，甚至没有人类，更不可能有气象记录留存下来。为了知晓地球过去的气候，人们只能求助于大自然。

热带雨林的树木往往没有年轮，因为那里没有四季之分，树木几乎一整年都在生长。

第一年

干旱年

多雨年

森林火灾留下的痕迹

春季至夏初

仲夏至秋季

一个年轮

“古气象员”——年轮

在温带地区，每年春季至夏季，树木生长得快，紧挨着树皮的细胞开始分裂，分裂后的细胞体积大，颜色浅；入秋后，树木生长变慢，细胞体积小，颜色深，到冬季进入休眠期。一浅一深，形成了一个完整的年轮。

在漫长的一生中，树木会遇到各种各样的气候，有时冷有时热，有时干旱有时潮湿……这一切也被记录在年轮上。如果当年温暖湿润，树木生长快，会形成“宽轮”；如果当年寒冷干燥，树木生长缓慢，会形成“窄轮”；如果当年极端干旱或寒冷，树木不生长，可能出现“缺轮”；如果突遇寒流、火灾或虫害，树木短暂停止生长后恢复，还会出现“多轮”。

3623米

在南极东方站，冰川学家钻取到最长的冰芯。它长约 3623 米，时间跨度大于 40 万年。

冰川表层的雪密度不够大，冰川学家得先将雪坑挖到一定深度，再用冰芯钻钻取冰芯。

从年轮到冰川

冬季气温低，雪粒细而紧密；夏季气温高，雪粒粗而疏松。季节的变化让积雪形成的冰层有一层一层的纹路，看起来就像树木的年轮一样。

冰芯冷冻库是珍贵的古气候档案库。

圆柱状的冰芯是一根昂贵的“老冰棍”，可别一口吞掉它，否则几百万年的秘密就化在肚子里了。人们得准确记下它的长度、头部和尾部，以免头尾颠倒。

“时间胶囊”

在南极的核心区域，大树无法生长，到处是白茫茫的冰川。没有了树木，没有了树木年轮，古气候的秘密又该如何破解？

极地，尤其是南极，是一块至今未被开发、未被污染的洁净之地。数百万年前的水汽环游到极地上空，携带着当时的气候信息，变成雪花飘落下来。由于极地太过寒冷，雪花来不及融化便被盖住。年“覆”一年，积雪一层一层被压实，形成层层叠叠的冰盖。就这样，冰盖变成了极地的“时间胶囊”，它目睹数百万年的气候环境变化，并悄悄将这些“史料”一层一层封存起来。

“无字天书”

为了打开尘封已久的“时间胶囊”，冰川学家借助价值不菲的冰芯钻，从冰川里钻取出一把“钥匙”，它就是冰芯，一部记录气候信息的“无字天书”。为了了解远古地球的气候，冰川学家一直在寻找最古老的冰芯。

冰芯里的冰形成于哪一年的降雪，就记录了哪一年的环境信息，因此，研究冰芯如同读一本历史书，从底部到顶部，从老到新，冰川学家几乎可以复原整个气候环境变化的历史。不过，在钻取冰芯时，冰川学家会选取在风速小的地区所采集到的冰芯样本，因为风太大的话，积雪被吹动，可能会造成数据的不准确。

冰芯气泡

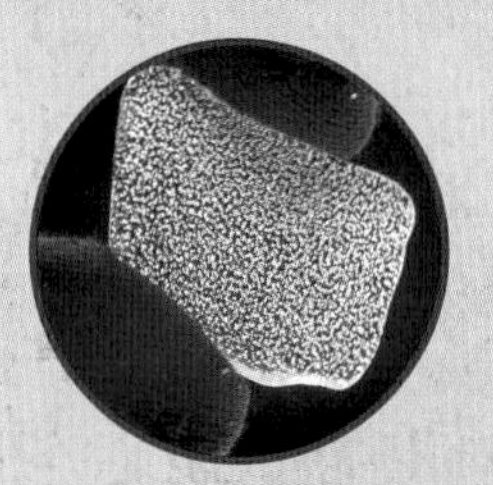

古大气的“活化石”

在雪降落、堆积再转变为冰川冰的过程中，雪的空隙越来越小，其中的空气也越来越少。当它们被埋藏到50米以下时，空隙中的空气几乎不再流动，气泡被“囚禁”其中，成为古大气的“活化石”。

企鹅粪

企鹅粪脏臭无比，一无是处？那可不一定。企鹅粪也保存着地球过去的记忆，其中储存着很多信息，有化学元素、企鹅的毛、企鹅的骨头、植物的残骸等等，这些都能帮助我们计算出当年企鹅的种群数量，以及它们与气候变化的关系。

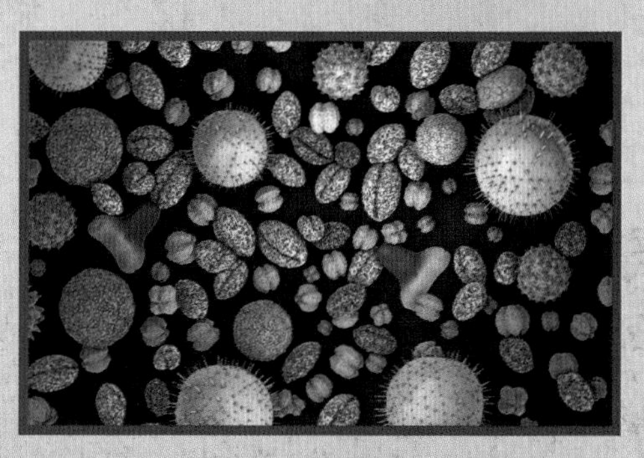

花　粉

在土壤的沉积物中，科学家找到了许多花粉。借助显微镜，他们可以确定这些花粉所属的植物种类，并依据这些植物推测当时的气候条件。

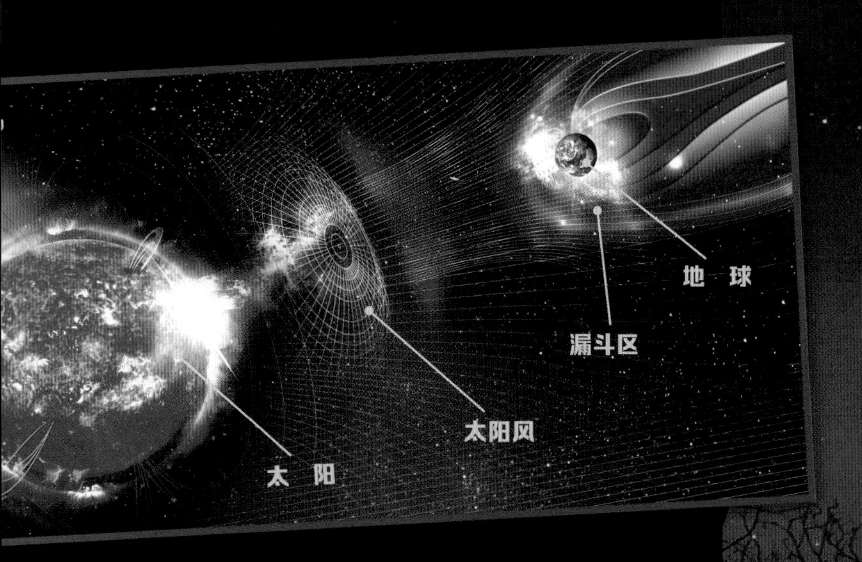

极光变变变

极光是一种出现在高纬度高空的、极为壮观和辉煌瑰丽的彩色光象，一般呈带状、弧状、幕状或放射状。它的形状有时稳定，有时又瞬息万变，真是奇幻无比!

太阳打喷嚏，两极现极光

常言道："太阳打喷嚏，两极现极光。"这是怎么回事呢？实际上，太阳是个大火球，也是座巨大的"核能工厂"，一直在发生由氢变氦的热核反应。太阳一旦"发威"，短时间内，可释放出相当于几十亿颗巨型氢弹同时爆炸所具有的巨大能量，这就是太阳耀斑。此时，比炮弹快数百倍的带电粒子流（太阳风）一路狂奔，以数百千米每秒的速度向地球袭来。幸运的是，地球有磁场作为"护盾"，可以免遭太阳风的侵害。

不过，地磁场也有"漏洞"，带电粒子从南北地磁极这两个"漏斗口"蜂拥而入，在地球上空的电离层中，与大气中的原子和分子碰撞并激发出光芒，形成五颜六色的极光。

太空"霓虹灯"

极光与我们常见的日光灯和霓虹灯差不多，都是气体发光。通常，日光灯的灯管内壁涂有荧光粉，灯管内抽真空后会注入汞。通电后，汞蒸气便会放电产生紫外线，激发荧光粉发出白光。霓虹灯的灯管内注入了更多种气体，涂有更多荧光粉，就能激发出更多色彩。同样地，来自太阳的带电粒子闯入极地上空，与高层大气中的各种分子或原子发生碰撞，激发它们发出不同波长的辐射，形成绚丽多彩的极光：氧被激发后，产生绿色或红色的光；氮被激发后，产生紫色的光……

最迷人的往往最危险。极光越壮观，意味着太阳风暴越剧烈，常造成指南针"找不到北"，人造卫星失灵，天文台、供电局也会忙作一团。

知识加油站

"有神，人面蛇神而赤……是谓烛龙。"在中国古书《山海经》中，极光是一位名叫"烛龙"的神仙，它形似一条红色的蛇，在夜空中闪闪发光。

北极光

南极光

漠河北极光

在1956—2004年这48年间，漠河只在其间的16年观测到过极光，总次数不到40次。

中国能看到极光吗？

中国古书《竹书纪年》中记载："昭王末年，夜清，五色光贯紫微。"这是迄今为止人们发现的世界上最早的极光记录，距今已有3000多年。在中国，人们真的可以看到极光吗？

带电粒子从漏斗区进入大气层，所以漏斗区附近出现极光的概率最高。地磁纬度60°~65°的区域被称为极光区，是观赏极光的理想之地。地磁纬度45°~60°的区域被称为弱极光区，包括北美、北欧的一些城市，这里的人们经常能看到极光。地磁纬度低于45°的区域被称为微极光区，在这些地区看到极光的概率非常小。

中国最北的城市是漠河，它的地磁纬度约47°，处于弱极光区的边缘地带，是中国观赏极光的最佳地点。但在太阳活动盛期，极光会向南延伸，西安、洛阳，甚至杭州都有见过北极光的记载。

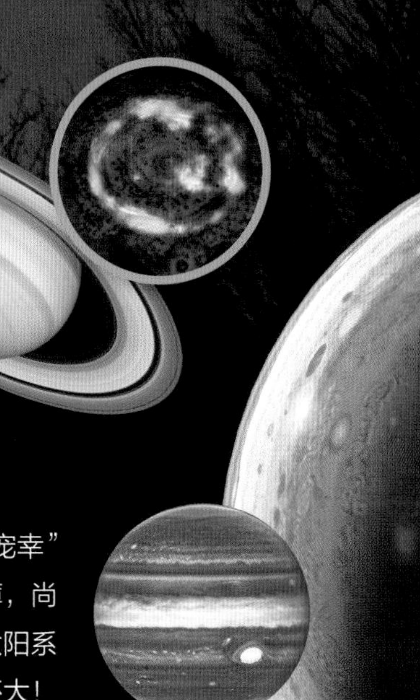
木星极光

天王星极光

土星极光

其他行星上有极光吗？

要想看到极光，太阳风、大气层、磁场三者缺一不可！极光并不只"宠幸"地球，它也"光顾"过地球的邻居们。目前，除了水星由于大气太稀薄，尚未发现极光，其他行星上都有过极光现身。值得一提的是，木星拥有太阳系最强大的极光，木星极光比地球极光明亮数千倍，极光范围比整个地球还大！

北极探险之旅

巴伦支海、白令海峡、富兰克林海峡、阿蒙森湾……这些曾无人涉足的未知之地逐渐都被写上了探险家的名字，北极地图可算得上反映了一部北极探险史。勇敢的探险家们挺进北极，与酷寒、长夜、饥饿和坏血病作斗争。最终，有人载誉而归，有人无功而返，有人长眠于此……

探险先驱

抵达北极圈

公元前325年左右，古希腊探险家皮西厄斯率领一支海上探险队一路北上，抵达北极圈附近的冰封海面，第一次看到极昼及“凝固的海”。

大约公元870年，古斯堪的纳维亚人奥塔尔，沿着挪威海岸向北航行，最终驶入白海，完成了人类历史上第一次有文字记录的北冰洋航行。

初探西北航道

1497年，意大利航海家约翰·卡伯特从英国向西北海域航行，试图越过北大西洋抵达中国，最终却到达了加拿大东端的纽芬兰。

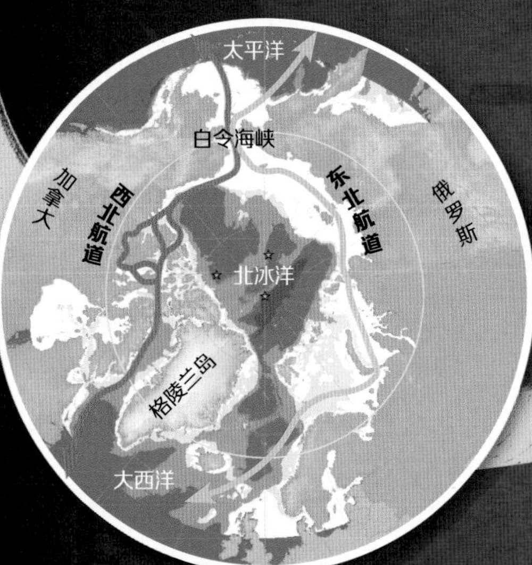

黄金时代

巴伦支海

16世纪90年代，荷兰人威廉·巴伦支3次进入北冰洋，不仅发现了斯瓦尔巴群岛，还创下当时人类北进的新纪录——北纬79°49′。为了纪念他，他航行过的部分海域被命名为巴伦支海。

千百年来，为了绕过被重重把守的欧洲大陆，自由前往马可·波罗笔下的富庶东方，探险家们前赴后继，打通了两条北极航道——东北航道和西北航道。

东北航道： 沿亚欧大陆北岸（主要是俄罗斯北岸），过白令海峡到达亚洲的一条海上通道。

西北航道： 从大西洋经加拿大北极群岛，过白令海峡到达亚洲的一条海上通道。

潜入北极点

1958年8月3日，美国第一艘核动力潜艇鹦鹉螺号第一次从冰下抵达北极点，开创了北冰洋冰下考察的先河。

魂断北极

1845年，英国探险家约翰·富兰克林率128名船员前往北极，希望成为打通西北航道的第一人。谁料途中船只被冰层牢牢冻住，无法挣脱，最终，因饥寒交迫，全队无一人生还。

打通西北航道

1906年8月31日，挪威极地探险家罗阿尔·阿蒙森驾船穿越加拿大北端岛屿密布、冰山林立的迷宫水道，抵达阿拉斯加西海岸，打通了另一条通往东方的西北航道。

打通东北航道

1878年7月，瑞典航海家诺登舍尔德乘坐维加号轮船，从挪威出发，一路沿亚欧大陆北部航行，绕过亚欧大陆东北角，进入白令海峡，打通了前往东方的东北航道。

白令海峡

1724年，奉彼得一世之命，俄国航海家维图斯·白令（原籍丹麦）率领远征队，穿过白令海峡进入北冰洋，证实了亚欧大陆和北美大陆并不相连。1741年，他再次远航，发现了阿拉斯加和阿留申群岛。

飞越北极点

1926年5月9日，美国海军少将理查德·伊夫林·伯德与海军飞行员弗洛伊德·贝内特驾驶约瑟芬·福特号飞机，成功飞越北极点。

全新时代

北极点第一人

1909年4月6日，在因纽特人的帮助下，美国人罗伯特·彼利乘雪橇抵达北极点。

五十年胜利号

以前，北极点只是探险家的圣地，但从2007年起，世界上第一艘允许载客前往北极点的核动力破冰船——五十年胜利号问世。从此，北极点不再神秘。

北极点第一人

我这一生要做的事已经做完了。这件事从我一开始计划去做，我就相信自己能完成，然后我去做了，并且成功了。我尽我所能，到达了北极点。

——《彼利日记》

探险家的荣誉

探险家的荣誉多半来自他们创造的世界纪录。19 世纪，英国政府为了激励北极探险者，专门设立了一个奖项，以奖励第一位到达北极点的探险家，奖金金额为 5000 英镑。奖金并不算多，至高无上的荣光却令人心驰神往。为此，探险家纷纷将目光投向北极，希望摘得“北极点第一人”的桂冠。

北极点，也就是北纬 90°，位于北冰洋。为了这个点，多少人葬身北极，多少人徒劳而返。

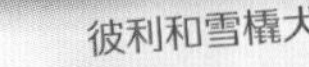

彼利和雪橇犬

彼利的最佳助手——马修 · 亨森

青年探险家

1856 年 5 月 6 日，罗伯特 · 彼利出生在美国。大学毕业后，彼利被美国海军土木工程兵团录取，成为一名海军工程师。平淡的日子一天天过去，1885 年，彼利迎来了一份探险任务，但他要前往的并非冰冷的北极，而是温暖的中美洲国家尼加拉瓜。在尼加拉瓜的丛林中，彼利率领探险队一路艰难前进，蹚过没过头顶的湖泊，穿越荒无人烟的密林和沼泽，最终勘测出一条穿过中美地峡的路线。这段特别的经历，让他一发不可收地爱上了探险。

初探格陵兰

凭借对冒险的无限热情，1886 年，彼利请了 6 个月的假，带着母亲给的 500 美元路费，第一次前往格陵兰探险。他乘坐捕鲸船来到格陵兰西海岸的戈德港，进入格陵兰冰原，登上了海拔 2887.5 千米的冰峰。其间，他充分考察当地的地形和气候，为后来的探险做足了准备。

身着海军军装的彼利

偷师学艺

彼利深信，因纽特人的生活方式最适合在北极生存。从 1886 年起，他尝试融入因纽特人的生活，向他们请教极地的生存技巧，特别是驾驶狗拉雪橇、冰原狩猎、制作兽皮大衣、建造冰屋，以及开凿冰筏渡过冰间水道等。

1898—1902 年，北纬 83°07'

彼利考察了一条从加拿大埃尔斯米尔岛北端的哥伦比亚角（北纬 83°07'）去往北极点的路线，并在那里建起了一座陆上基地。

1905—1906 年，北纬 87°06'

彼利带着一些因纽特人，乘坐罗斯福号驶向北极。由于天气原因，他们只到达了北纬 87°06'，离北极点尚有 273.58 千米。

1908 年，最后的冲刺

越挫越勇的彼利向极地发起最后一次冲刺，他乘坐罗斯福号一路直抵北极海域，将物资运到了哥伦比亚角的陆上基地。

彼利的雪橇团队在北极点挥舞旗帜。

1909 年，抵达北纬 90°

1909 年 3 月 1 日，彼利决定组建一支向北极点冲刺的突击队：4 个强壮的因纽特人、助手亨森，以及他自己。5 架雪橇载着 6 位探险员，由 40 只狗拉引着向北极进发。

4 月 6 日，彼利一行人越过数百千米的冰原，抵达北纬 89°57'，此时距离梦寐以求的北极点仅 8 千米。他们测定好方位后，一鼓作气，登上了北极点。他们在北极点插上美国国旗，国旗的一角上写着："1909 年 4 月 6 日，抵达北纬 90°，彼利。"

格陵兰竟然是座岛！

1891 年，彼利与妻子、助手亨森及弗雷德里克·库克等 7 人第二次前往格陵兰。他们一路北上，在格陵兰北端发现了一个独立峡湾，证实了格陵兰并不与北极点相连，而是一座大岛。

屡战屡败，屡败屡战

穿过格陵兰岛后，彼利的目光瞄准了北极点。随后的十多年里，他一次次挑战北极点，其间摔断过腿，因冻伤失去了几根脚趾，却从未被吓退，而是一次比一次离北极点更近……

24 岁时，彼利在给母亲的信里写道："我不想一事无成地活着，毫无建树地死去，也不想在狭窄的朋友圈之外不为人所知。"

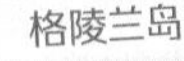

格陵兰岛

库克还是彼利？

彼利从北极回国后发现，曾经和他一起穿越格陵兰岛的伙伴——库克宣称已于 1908 年 4 月 21 日到达北极点。于是一场激烈的争论开始了，双方各执一词，互不相让，公众也被弄得一头雾水。他们只好提交国会去投票，最终彼利以 135 : 34 胜出。

南极探险之旅

18 世纪 70 年代以前

未知时代

人们相信南半球有一块未知的“南方大陆”，但从未有人到过那里。

托勒玫

公元2世纪，古罗马地理学家托勒玫继承了亚里士多德的猜想，认为南半球一定有一块巨大的未发现陆地——南方大陆，以与北半球的大陆保持平衡。

詹姆斯·库克

1772—1775年，英国航海家詹姆斯·库克率领帆船舰队向南进发，最南到达过南纬71°10′的海域，途中他们发现了大量海豹，却没有找到“南方大陆”的痕迹。

18 世纪 70 年代至 19 世纪中叶

帆船航海时代

大航海的帆影使欧洲人相信，前往未知的“南方大陆”的机会来了。

海豹猎人

库克将南大洋有大量海豹的消息公之于众后，大批捕豹船载着“海豹猎人”南下，导致海豹惨遭浩劫，却也意外推动了南极大陆的发现。

别林斯高晋

1819年，俄国航海家别林斯高晋指挥和平号和东方号，继续向南，寻找未知的“南方大陆”。1820年1月，他率先发现了南极大陆，并成功绕航一周。

知识加油站

中国是航行南大洋、挺进南极洲的后来者，直到 20 世纪 80 年代才首次组织南极考察。不过，短短几十年，中国已经成为南极考察大国，在南极建立了长城站、中山站、昆仑站和泰山站，大踏步迈入了南极科学考察的“第一方阵”。

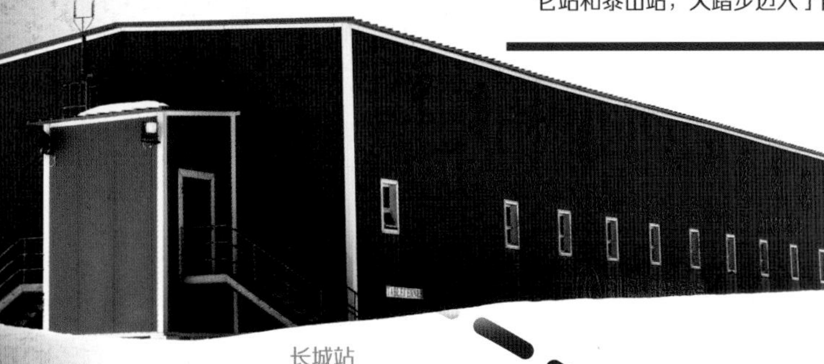

长城站

科学考察站

在1957—1958年国际地球物理年期间，阿根廷、澳大利亚、比利时、智利、法国、日本、新西兰、挪威、南非、美国、英国和苏联等12国在南极洲建立了55个科学考察站。

20 世纪 50 年代至今

国际合作时代

以前，南极探险和考察充满竞争。但现在，合作开始流行。

《南极条约》

1959年，《南极条约》问世，条约规定：南极只能用于和平目的，禁止在南极设立军事基地，禁止核试验和存放核废料，缔约各方有权指派观察员进行考察，等等。

南极条约秘书处旗帜

东方站

阿蒙森－斯科特站

19世纪末至20世纪20年代

英雄时代

探险家的荣誉多半来自他们创造的世界纪录。

罗　斯

1841年1月，英国探险家詹姆斯·克拉克·罗斯一路向南航行，穿过南极周边的重重海冰，抵达南纬78°10′，发现了罗斯海、维多利亚地、罗斯岛等地。罗斯海沿岸日后是探险家前往南极点的最佳基地。

博赫格列文克

1899年2月，挪威探险家博赫格列文克带领一支小型探险队考察南极。尽管他们在维多利亚地被浮冰困住，最终还是成功挺过了寒冬，成为第一支在南极越冬的探险队。

斯科特

1911年11月1日，英国探险家罗伯特·斯科特带领一支5人探险队，向南极点进发，最终于1912年1月18日到达南极点，比阿蒙森率领的挪威探险队晚到了35天。

阿蒙森

1911年10月19日，挪威探险家阿蒙森从罗斯冰架鲸湾基地出发，乘坐雪橇一路南行57天，成为抵达南极点的第一人。

沙克尔顿

1914年12月，英国探险家欧内斯特·沙克尔顿计划从威德尔海横穿南极大陆。结果，他乘坐的坚毅号探险船由于偏离航线，被困于浮冰之中，10个月后沉没，船员们只好撤离至浮冰上。最终，在沙克尔顿的带领下，众人漂流500多天，历尽重重困难，奇迹般地实现了全员生还。

20世纪20至40年代

航空航拍时代

比起乘坐帆船和徒步横穿，驾驶飞机开启南极探险之旅轻松多了。

卡尔·埃尔松

休伯特·威尔金斯

第一次飞越南极

1928年11月26日，澳大利亚探险家休伯特·威尔金斯和美国探险家卡尔·埃尔松驾飞机从迪塞普申岛起飞，飞越南极半岛。这是人类历史上第一次在南极的飞行。

飞越南极点

从鲸湾到南极点，18年前阿蒙森用狗拉雪橇往返花了99天，而美国海军少将理查德·伊夫林·伯德只用了18小时41分。他于1929年11月29日完成了人类第一次飞越南极点的航行。

斯科特的南极营地——埃文斯角

35天

当斯科特抵达南极点时，他发现阿蒙森率领的挪威探险队已于 1911 年 12 月 14 日到达那里，比他们早了 35 天。

南极点竞赛

在彼利到达北极点不久后，南极大陆上演了一场颇富戏剧性又极其悲壮的南极点竞赛，参与角逐的是英国海军军官斯科特和挪威极地探险家阿蒙森。

阿蒙森

斯科特

和斯科特一决高下！

1906 年，阿蒙森成功打通西北航道后，将下一个目标锁定为北极点。为了征服北极点，他花了整整 4 年时间精心准备。但就在他即将出发时，美国人彼利抵达北极点的消息突然传来，这让阿蒙森大为受挫，难道 4 年的辛苦准备就这样付诸东流了？！阿蒙森毅然决定放弃北极点，将目标改为尚未被征服的南极点。

1910 年 6 月，阿蒙森和同伴乘坐前进号探险船，从挪威启航。途中他获悉，早在两个月前，英国海军军官斯科特已经率领一支探险队，启程前往南极。这一消息令阿蒙森十分兴奋，他决定和斯科特一决高下，抢占南极点！

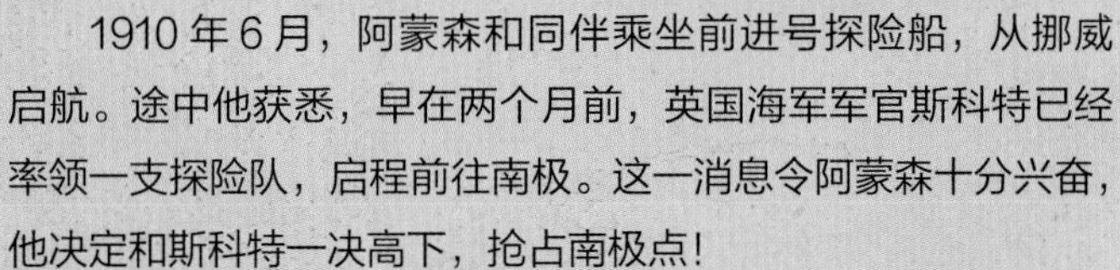

1911 年 1 月，他们先后从罗斯海抵达南极大陆，阿蒙森在鲸湾建立营地，斯科特则驻扎在罗斯岛上。双方确定好各自的路线后，沿途设立补给站，为探险做足准备。4 月底，极夜来临，两支队伍只好在营地耐心等待黎明到来。

阿蒙森的南极营地——前进号之家

阿蒙森的队友和雪橇犬

阿蒙森抢先一步

1911 年 10 月 19 日，太阳早已从白茫茫的地平线探出头。眼看时机成熟，阿蒙森带着 4 个伙伴、52 只狗，乘坐雪橇离开了营地，朝着南极点进发。

斯科特和他的矮种马

斯科特和同伴抵达南极点时，看到了对手的帐篷和挪威国旗。

阿蒙森到达南极点。

一步输，步步输

1911年11月1日，斯科特才终于出发，此时阿蒙森已领先了12天。为了追赶阿蒙森，斯科特决定选用矮种马拉雪橇，因为它们非常吃苦耐劳，且个头比狗大，能拉更多东西。

然而，令斯科特没有想到的是，用来代替狗拉雪橇的马没能发挥预期的作用。在茫茫冰原上，他们很难解决马草料的问题。马不像狗，无法和人吃一样的食物，加上南极的严寒和暴风雪后齐腰深的积雪，马接二连三地死去。无奈之下，他们只能选择由人拉着雪橇，艰难前进。暴风雪、冻伤、体力下降……打击一个接一个袭来。

胜者，载誉而归！

由于准备充分，在整个考察过程中，阿蒙森十分注意劳逸结合，他的探险队员从不拉雪橇，途中还不时休息以保存体力。在冲刺阶段，阿蒙森带了4个人和3架雪橇，每架雪橇还配备了6条狗。1911年12月14日，阿蒙森从雪橇上跳下来，大声喊道："停下，我们胜利了！"他再次用六分仪精确测定了太阳高度角，千真万确，他们真的到达了南极点！

败者，南极永生！

1912年1月18日，精疲力尽的斯科特也抵达了南极点，但看到极点上空飘扬的挪威国旗和对手架起的帐篷，他一下子瘫倒了。在返回的途中，斯科特和队友神情沮丧，又累又饿，加上积雪覆盖了他们来时的痕迹，他们经常找不到路。最终，斯科特一行5人全部悲壮牺牲。

去奋斗，去追寻，去探索，永不屈服！

徒步横穿南极

1989年，中国、美国、苏联、英国、法国和日本六国各派一名队员，组成了一支“国际横穿南极考察队”。他们要完成一项前无古人、后无来者的壮举——不借助任何现代化机械工具，徒步横穿南极。

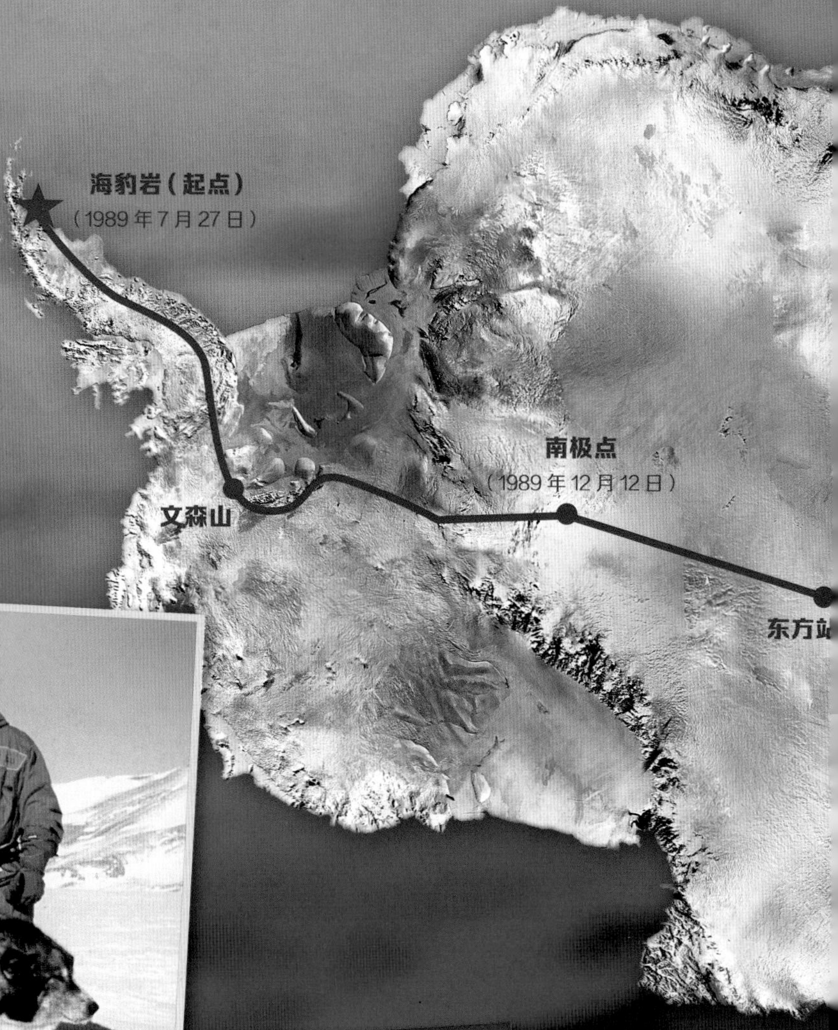

海豹岩（起点）
（1989年7月27日）
南极点
（1989年12月12日）
文森山
东方站

后排左起：舟津圭三（日），维克托·博亚尔斯基（苏），杰夫·萨默斯（英），秦大河（中）
前排左起：让·路易·艾蒂安（法），威尔·斯蒂格（美）

一次性拔10颗牙

国际考察队为横穿南极选定了一条最为艰险的路线——沿着南极冰盖的最长路线，为此，每位队员必须在体力、精神和技术上做足准备。由于途中只能食用坚硬、冻结的压缩食品，一旦牙齿出问题，生命就会受到威胁。为了保证旅途顺利，中方代表秦大河被告知需要拔掉10颗牙，秦大河义无反顾：“拔！”就这样，他一次性拔掉10颗牙，全部换上了假牙。

6个人，40只狗，出发！

1989年7月27日，秦大河和5名队友，还有40只狗，从南极半岛顶端拉森冰架的海豹岩出发了。等待他们的是沿途一望无际的雪原、难以捉摸的暴风雪、致命的冰裂缝、高原反应以及极度的严寒等。6名考察队员只能用雪杖击冰探路，小心行进。遇上暴风雪连日不散，能见度仅10多米，队员们一天甚至只能前进两三千米。

5986千米

从南极半岛的海豹岩出发，经文森山、南极点、东方站，到达和平站，这条横穿南极大陆的路线长达5986千米。

和平站（终点）
（1990年3月3日）

“今天，我们站在了南极点。在这整个世界汇集为一点的地方，我要告诉诸位的是，来自不同国家、具有不同文化和背景的人能够一块生活，一块工作，哪怕是在最困难的环境里……和平、合作、友谊和藐视困难的精神，使我们这颗星球变得更加美好。”

1989年12月12日，秦大河在南极点。

五星红旗飘扬在南极点

139天后，6人历经无数磨难艰险，终于在1989年12月12日到达南极点，他们兴奋地举起国旗，五星红旗终于第一次飘扬在南极点。1990年3月3日，经过220天的艰难跋涉，徒步5986千米后，考察队抵达终点和平站，五星红旗与美、苏、法、英、日五国国旗一起飘扬在寒风中。

戴眼镜的烦恼

极地大风总是迎面扑来，刺骨钻心，令人难以忍受。大家的脸总是被冻肿、冻伤。6名考察队员中只有秦大河戴眼镜，他的脸部无法被包裹严实，风雪钻入镜框缝，使劲儿抽打眼周，鼻梁和眼皮处冻得最严重，过两三天结了痂，痂掉之后又再度被冻伤。有段时间他干脆不戴眼镜，只戴防风镜，可这样又看不清前后的路，一天下来，摔三四十个跟头也是常有的事。

“加班”采雪样

考察队的每名队员都身负重任，但最辛苦的当属秦大河。每到宿营地，按“国际分工”，秦大河要参与喂狗、支帐篷、烧水、做饭。忙完后，其他队员开始休息，秦大河又扛着铁锹、斧子，在冰上挖出一个个1米深的雪坑，观察记录雪层剖面变化，采集雪样。在近6000千米的风雪途中，秦大河共采集到800多个珍贵雪样，特别是南极洲“不可接近地区”内的珍贵雪样。

“疯狂科学家”

徒步科考对负重有严格规定。由于背着众多雪样，秦大河的负重已经超标，但他不愿放弃宝贵的雪样。为了不落下一个雪样，他把衣服减到最少，把样品装进枕头里，最终顺利完成了采样，并因此成为世界上唯一拥有全部南极地表1米雪坑雪冰样品的“疯狂科学家”。

南极“五朵金花”

1961 年，《南极条约》正式生效，冰冷、神秘又危险的南极终于不再是探险家的游戏场，转而迈入科学考察时代。1983 年，中国加入《南极条约》，一步一步迎头赶上，在南极开出了“五朵金花”。

知识加油站

南极考察有两个时间周期——度夏和越冬。

度夏：每年 11 月至来年的 2、3 月（南半球的夏天），时间可达 4 个月。

越冬：每年 11 月到后年的 2、3 月，即度夏考察队撤离后，越冬考察队员还要继续坚守，和下一批度夏考察队员一起回去，时间可达 18 个月。

“不可能完成的任务”

1984 年 11 月 20 日，中国第一支南极考察队搭乘向阳 10 号远洋科学考察船出发了，经过近 40 天的海上航行才抵达南极。来不及放松，选址、卸货、建站工作便紧锣密鼓地开始了。一番勘测后，他们选址在乔治王岛，并于 12 月 31 日举行了奠基典礼。紧接着，大家顶风冒雪，完成了一件“不可能完成的任务”：经过 45 天的日夜奋战，1985 年 2 月 14 日，第一座属于中国人的南极考察站——长城站建成了。

长城站

建成时间： 1985 年 2 月

海拔高度： 约 10 米

建筑面积： 约 4200 平方米

南极半岛

西南极洲

长城站位于南纬 62°12' 59"，没有进入地理意义上的南极圈（南纬 66°34'），所以人们在这里看不到极昼和极夜。

长城站

长城是中华民族的标志性建筑，中国第一座南极科学考察站被命名为长城站，它位于南极洲南设得兰群岛的乔治王岛南部。如今，这里有各种建筑25栋，建筑面积约4200平方米，犹如一座微型“科学小镇”。长城站是一座常年性科学考察站，科考项目繁多，全年有人，可容纳80人度夏，40人越冬。

中山站

1989年2月26日，在东南极洲的拉斯曼丘陵地区，中国南极科考队再次展示“南极速度”，用一个月的时间，建成了第二座南极科学考察站——中山站。初建时，它只有3座建筑：1座红色主楼（生活栋）、1座发电栋和1座气象栋，如今已扩建至18座建筑，站区规模达8000平方米。中山站也全年有人，冬季越冬时有25人左右，夏季度夏时可容纳60人。

中山站位于南纬 69° 22' 24"，是中国第一个建在南极圈内的常年考察站，这里连续白昼时间可达 54 天，连续黑夜时间可达 58 天。

昆仑站

2005年，中国第21次南极科学考察队从中山站出发，抵达了被称为“不可接近之极”的南极冰盖最高点——冰穹A地区，并测得其海拔为4093米。2008年初，考察队再次登顶冰穹A地区，为昆仑站完成了勘测选址工作。2009年1月27日，在冰穹A地区的西南方向约7.3千米处，南极昆仑站建成，它是人类在南极地区建立的海拔最高的科学考察站。

昆仑意味着高山，象征着[illegible]，位于冰穹A地区的科学考察站海拔高达4087米，故而取名“昆仑站”。

中山站

建成时间：1989 年 2 月
海拔高度：约 11 米
建筑面积：约 8000 平方米

东 南 极 洲

昆仑站

建成时间：2009 年 1 月
海拔高度：约 4087 米
建筑面积：约 558 平方米

泰山站

建成时间：2014 年 2 月
海拔高度：约 2621 米
建筑面积：约 1000 平方米

横贯南极山脉

泰山站

2014年2月8日，南极泰山站正式建成开站，它像一个圆鼓鼓的灯笼，伫立在中山站与昆仑站之间的伊丽莎白公主地，可以360° 观测四周，高架屋的形式有利于大风吹走底下的积雪，避免因大雪堆积而影响出行。由于气候条件恶劣，后勤保障困难，目前昆仑站和泰山站只是度夏站，夏季有人，冬季无人。

秦岭站

2024年2月7日，在罗斯海恩克斯堡岛，中国第五个南极科学考察站——秦岭站开站。自此，中国南极科学考察站正式迈入“五朵金花”的时代！

秦岭站

泰山站是中国第四个南极科学考察站，其名字寓意坚实、稳固、庄严、国泰民安等，代表着中华民族巍然屹立于世界民族之林。

安营扎寨在北极

人类为什么热衷于北极科考？实际上，北极是一个巨大的“宝库”，除了能碰上北极熊、北极狐等极地生物，北极的地下还“沉睡”着许多宝藏——储藏量相当可观的煤炭、石油、天然气等矿产资源。此外，这里还是全球气候变化的“启动器”之一，可谓难得的科考圣地。

把科考站建到北极

1985 年，南极长城站建成后，“把科考站建到北极”的呼声越来越高。不过，由于北极所有的岛屿都有主权归属，在北极建站一直处于梦想阶段。

1991年，意想不到的转机出现了。中国科学家高登义受邀参与了由挪威、苏联、中国和冰岛四国联合开展的国际北极科学考察。考察中，高登义从挪威教授赠送的一本《北极指南》中发现了《斯瓦尔巴条约》，原来早在1925年，中国已成为该条约的成员国之一。条约规定，凡成员国均可在斯瓦尔巴群岛上建立科学考察站。这一规定意味着，中国也有进驻北极的资格。

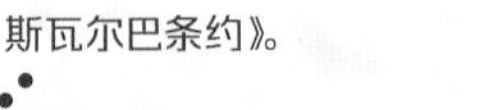

1991 年，高登义发现了《斯瓦尔巴条约》。

只差 2°，却充满艰辛

1995 年 5 月 6 日，位梦华带领中国科考队首征北极点。队员们先由起落架上改装有滑雪板的双引擎飞机送至北纬 88°，那里离北极点的直线距离仅 223 千米。

一路上满是冰裂缝与冰障，稍有不慎便会坠入冰渊。滑雪和驾橇更是费力，人摔橇翻接二连三。特别是在北纬 89°附近，冰层破碎，冰凌、冰柱犬牙交错，冰裂缝纵横，浮冰运动很急，随时有开裂的风险，队员只能从碎冰带相对窄的地方跳过去。最终，历时 13 天，大家有惊无险地渡过一道道难关，成功抵达了北极点。

冰裂缝是冰体流动时因冰下地形突变、冰体断裂而形成的。

北极的冰面

热爱和平 振兴中华
中国 伊力特·沐林 北极考察站

临时“落脚点”

2002 年 7 月 30 日 5 时 11 分（当地时间 7 月 29 日 23 时 11 分），在北纬 78°13′，朗伊尔城的一幢绿色两层小木屋前，五星红旗伴随着激昂的《义勇军进行曲》冉冉升起，高高飘扬在北极上空，中国第一个临时北极科学探险考察站——伊力特 · 沐林北极考察站正式建立！这个临时考察站为中国科考队提供了为期 2 年的科考和探险支持。

中国北极黄河站

中国北极黄河站

2004 年 7 月 28 日，在北纬 78° 55′ 的斯瓦尔巴群岛的新奥尔松，中国第一座北极科学考察站——中国北极黄河站落成。

中国北极黄河站所“驻扎”的站房，是一座建于 20 世纪 40 年代的红色两层独栋小楼，总面积约 500 平方米，门口有一对来自中国的石狮子，实验室、办公室、阅览休息室、宿舍和储藏室等一应俱全。楼顶还有 5 间“小阁楼”——极光光学观测平台，每当极夜来临，1 ~ 2 名极光观测队员会驻守在这里，其余时间无人驻守，但有设备自动观测。

知识加油站

黄河站有一项规定：不能锁门，且门必须全部朝外开。一旦北极熊造访，任何人能迅速躲进来避难。如果北极熊闯进来，它们只会推门不会拉门，门朝外开，它们一推便将自己关在了门外。

五星红旗飘扬在北极点

2010 年 8 月 20 日，雪龙号极地科考船将中国第四次北极考察队送至北纬 88° 22′，创造了中国航海史的新纪录。随后，考察队员分两批搭乘直升机抵达北极点，五星红旗和考察队队旗终于一齐飘扬在北极点的冰面上。

雪龙号

13次

截至 2023 年，中国以雪龙号、雪龙 2 号极地科考船，中国北极黄河站为平台，成功进行了 13 次北极科学考察。

北极第二站

2018 年 10 月 18 日，在冰岛北部的凯尔赫村，另一座闪耀着金黄色光芒的三层建筑——中冰北极科学考察站正式运行。站区面积约 1.58 平方千米，租期 99 年。科考人员可以在这里开展关于极光、大气、海洋、冰川、生物等的观测任务。

科考“十八般兵器”

在南北极，“狗拉雪橇”式的踏勘已成为过去时。如今，南北极考察从深海、浅海、冰下、陆地、洋面、冰面、低空、高空，一直到外太空，观测手段从海基、地基、天基、空基全方位立体展开……真可谓“十八般兵器，样样齐全”！

地基观测

所谓地基观测，就是传感器织出一张精密的地面“网络”，进行针对性观测。其中有常规的业务考察，也有短期的科学考察；有在陆上、冰盖或海冰上进行的，也有在考察船上进行的。

天气雷达

自动气象站

风力涡轮机

长城站

长城站是一座极地科研城，科考人员可以在这里从事气象、地震、高空大气、物理、冰川等研究。

长城站的入口处矗立着一个“大足球”，“足球”是个防大风大雪的罩子，里面包裹着一口“大锅”——卫星网络通信系统。有了它，即使在距北京约1.7万千米的长城站，人们也可以上网，打电话，发送传真。

“双龙探极”

在上海的中国极地考察国内基地码头，红船身、白船顶的雪龙号和雪龙2号组成一支极地远征队，合力冲破南北极的皑皑冰雪，开启了“双龙探极”新时代。

雪龙号

雪龙号是一艘服役了30年的极地考察“功勋船”，长167米，宽22.6米，满载排水量约2.1万吨，能破开厚约1米且覆有0.2米积雪的冰层。

雪龙2号

2019年，中国自主建造的第一艘极地科考破冰船——雪龙2号正式“上岗”。它稍小于雪龙号，但可首尾双向破冰，能破开厚约1.5米且覆有0.2米积雪的冰层，还能原地360°自由转动，面对9级风浪也能保持静止不动。

空基观测

所谓空基观测，就是传感器在地球表面以上、中层大气及以下的空中进行观测，主要由气球、无人机、飞机和火箭等携带仪器在空中进行观测。

高空气球

在南极放个高空气球，科学家便可观测临近空间（距离地面 20 ~ 100 千米的空域）。目前除了高空气球，没有其他飞行器可以长时间停留在临近空间开展科学观测。

雪鹰601

雪鹰601是中国首架极地考察固定翼飞机，可搭载“南极科考三剑客”——航空冰雷达（给冰盖做CT检查）、航空重力仪（透视南极大陆地质构造）、航空磁力计（捕捉磁场变化），以及其他科考设备。

海基观测

所谓海基观测，就是传感器在海中进行观测，温盐深仪（CTD）、投弃式温深仪（类似于一次性使用的温盐深仪）、水下机器人等负责执行任务。

温盐深仪

温盐深仪被一圈采水器包裹，当它潜入不同深度的海底时，科学家通过计算机远程操控采水器，打开不同标号的瓶盖，以收集不同深度的海水。

探索4500

2021年10月，酷似一条大黄鱼的探索4500自主水下机器人首闯北极，对北极浮冰、水体参数（深度、温度、盐度等）、海底地形地貌进行了精细探测。

天基观测

当传感器在中层大气之外，低轨卫星和高轨卫星会与相应的地面应用系统共同完成天基观测任务。

风云系列气象卫星

目前，风云家族共有20颗气象卫星，其中8颗正在“服役”。它们是身手不凡的“地球摄影师”和“天气预报员”，地球上的风起云涌、万千气象都逃不过它们的法眼。

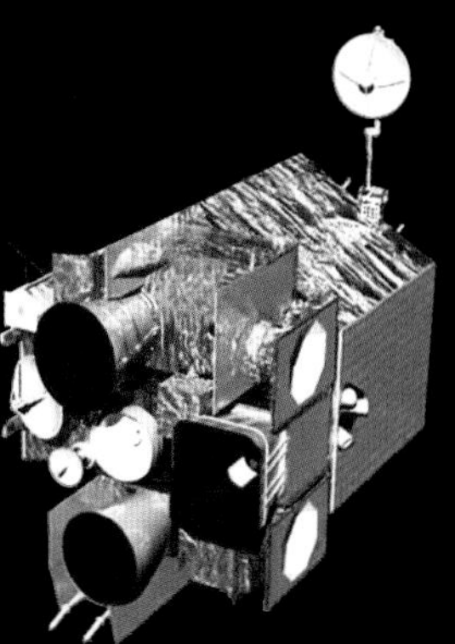

谜一样的“明天”

在北极地区，最近几十年发生了被称为“尤娜谜”的气候变化。“尤娜谜”在因纽特语中的意思为“明天”，将北极气候的快速变化称为“明天”，有“不可预知”“不可控制”和“谜一样的明天”之意。

卫星观测到的南极海冰最大范围

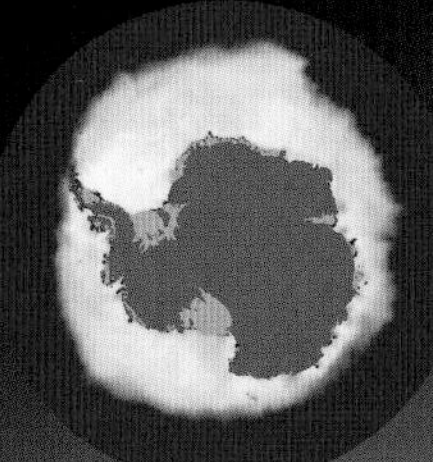
1979 年 10 月

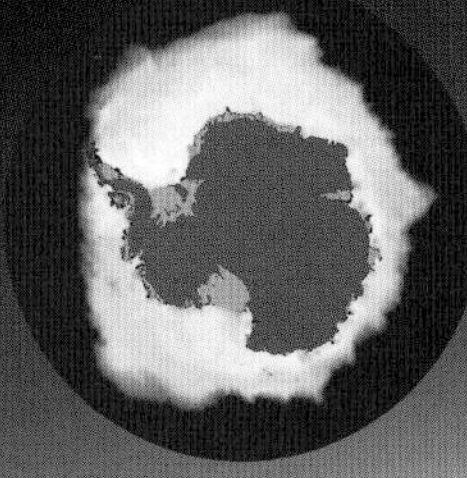
2013 年 10 月

什么是“尤娜谜”？

北极地区犹如一台巨大的空调，调节着全球气候。但最近几十年来，这里发生着 400 年来最快速的变化。

每 10 年，北极地区海冰范围减小 2.9%，厚度减少 3% ~ 5%；北极地区陆地地面气温持续升高，某些地区最高升温达 5℃；格陵兰冰盖边缘以 50 立方千米每年的速度融化；陆地淡水径流、雨量、融雪增加，海水盐度降低；海水温度越来越高，大西洋部分海域中层水温增高 1℃……这一切有一个神秘的名字——“尤娜谜”。

2005 年北极海冰最小范围

1979 年北极海冰最小范围

复杂的南极

比起“火热”的北极，南极“复杂”多了。近 50 年来，南极地区的显著增温主要发生在西南极大陆的南极半岛地区，有些地方增温近 2℃；但在东南极大陆主体，很多地方增温并不明显，还有些地方甚至有降温趋势。

明天会怎样？

有科学家预测，如果“尤娜谜”继续发展下去，到 2050 年，北冰洋在夏天可能就没有冰雪了，再过 100 年，可能北冰洋的冰雪就不存在了。

0.85℃

近百年来，全球气温平均升高了 0.85℃。

浩瀚的海洋并非一潭死水，它们彼此相连，无时无刻不在流动。和四通八达的高速公路一样，大洋环流环绕着整个地球，维持着地球的热量平衡。

“后天”很遥远

海洋温度瞬间下降13℃，砖头大的冰雹、超大型龙卷风、百米高的海啸、摧枯拉朽的飓风让全世界颤抖，冰期突然开启，人类陷入一场空前的末日浩劫……这是美国科幻灾难大片《后天》里的场景。

《后天》会成真吗?

虽然《后天》里的一切有些危言耸听，却不乏一定的科学背景——温盐环流。温盐环流就像一条巨大的传送带，影响着南北半球以及极地和赤道之间的冷热变化。一旦温盐环流被中断，该热的地区不热，该冷的地区不冷，气候乱套，诸如冰冻、龙卷风之类的灾害天气也会随之而来。

不过，即使全球大洋环流被彻底破坏，地球也不可能像《后天》里的一样，在几个月甚至几天内进入冰期。从目前全球变暖的情况来看，全球大洋环流不可能在未来百年或千年被破坏。

《后天》描绘了地球在几天内突然急剧降温，进入冰期的故事。

温盐环流

北极海域冰层下的海水很“重”，它们会向海底下沉，形成下降流——你可以将它想象成一个巨大的海底瀑布。接下来，它们从海底流向温暖的低纬度地区，并在那儿重新上涌；随后，上涌的海水又会涌向极地——首尾相接，不断循环。这种因为海水温度、盐度不同而形成的大洋环流就是“温盐环流”，它“管理”着全球各大洋的热量和气体交换。

知识加油站

在地球漫长的历史中，“后天”是否真的上演过？答案是肯定的，但没有电影里那么夸张。距今大约1.29万年前，地球曾经突然变成一个“极寒地狱”，短时间内，气温骤降7～8℃，北极冰川一路向南奔袭，与冰川一同南下的，还有一种生长在北极苔原的白色小花——仙女木。人们将这一劫难称为“新仙女木事件”。

臭氧层有个“洞”

臭氧（O_3）虽然是氧气（O_2）的“同胞兄弟”，却因为有一股难闻的鱼腥臭味，一度被人类憎恶。被“嫌弃”几十年后，人类才发现，臭烘烘的臭氧并非一无是处，相反它是地球的“保护伞”，阻挡了对生物有致命杀伤力的太阳紫外线辐射。

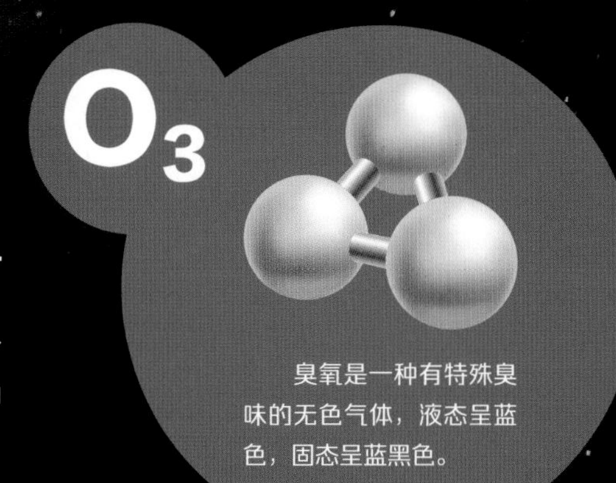

臭氧是一种有特殊臭味的无色气体，液态呈蓝色，固态呈蓝黑色。

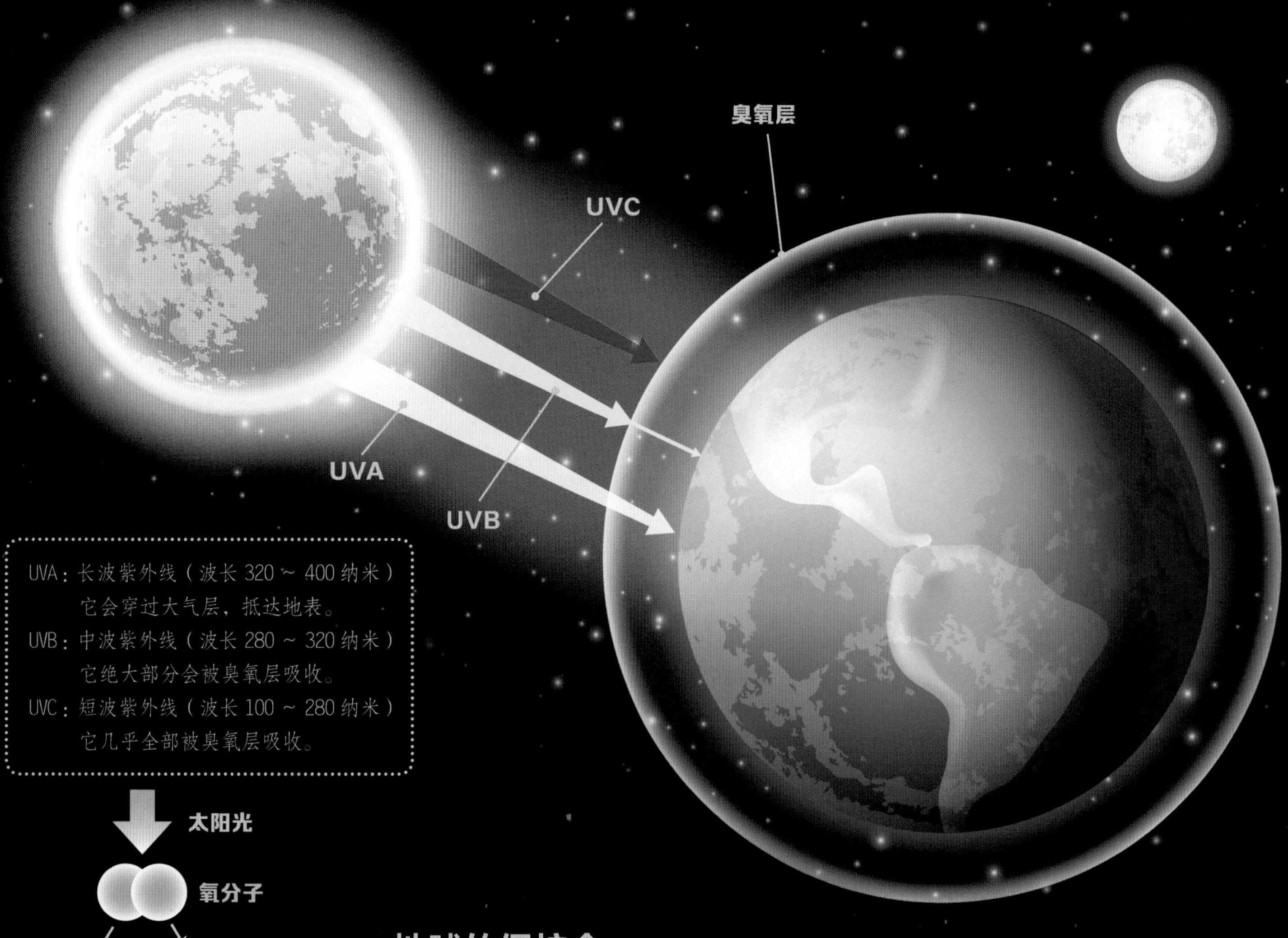

UVA：长波紫外线（波长 320 ~ 400 纳米）
它会穿过大气层，抵达地表。
UVB：中波紫外线（波长 280 ~ 320 纳米）
它绝大部分会被臭氧层吸收。
UVC：短波紫外线（波长 100 ~ 280 纳米）
它几乎全部被臭氧层吸收。

地球的保护伞

地球刚刚诞生的时候，大气中没有氧气，更没有臭氧，含有高能紫外线的太阳光直抵地表。早期生物禁不住紫外线（尤其是短波紫外线 UVC）的“扫荡”，只能深藏于湖海之中。

幸运的是，在植物的光合作用下，越来越多的氧“咕嘟咕嘟”冒泡，大气中的氧含量越来越高。地球诞生 40 亿年后，在距离地表 20 ~ 25 千米的平流层中，臭氧层慢慢形成。臭氧层就像一把保护伞，吸收了射向地球的 90% 以上的太阳紫外线辐射。在它的庇护下，地球生命终于得以逃脱紫外线的“魔爪”。

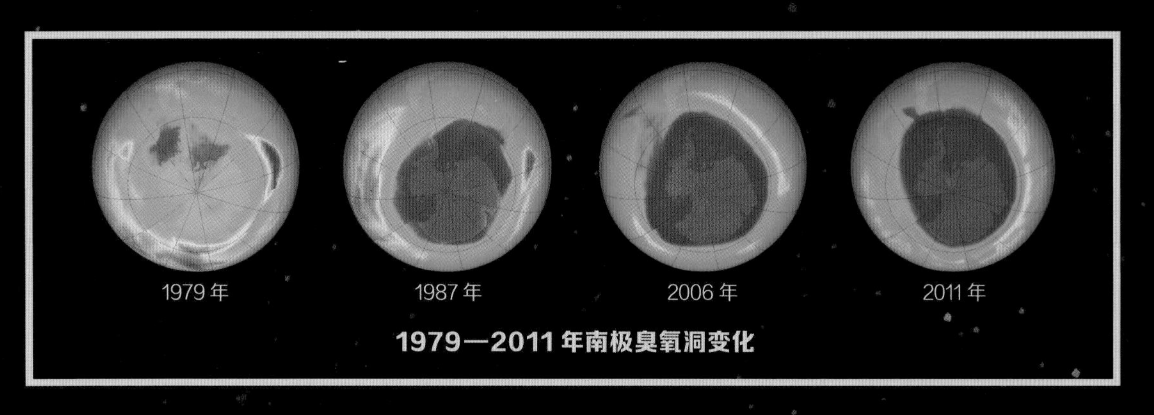

1979—2011 年南极臭氧洞变化

2021 年 7—12 月
南极臭氧洞变化

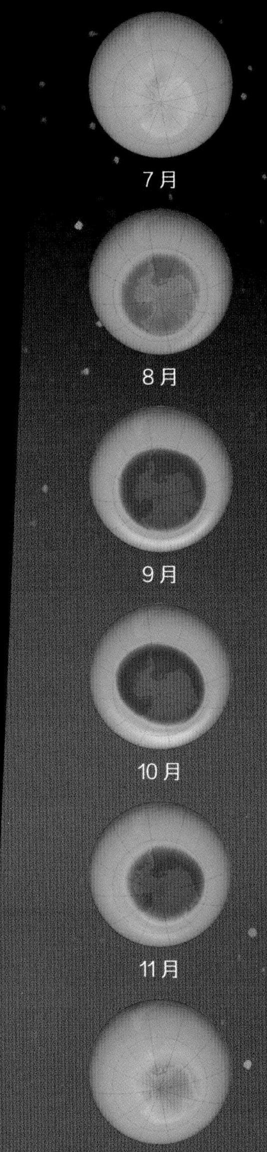

天“漏”大洞

19 世纪 70 年代末以来，科学家观测到，全球臭氧总量在下降，南极地区下降得尤其明显。1985 年，英国科学家约瑟夫 · 法曼等人在南极哈雷湾观测站发现，在过去 10 年间，每年 10 月以后，南极上空的臭氧总量会减少 30% ~ 40%，形成一个闭合低值区（通常这个低值被设定为 220DU，1DU 等于 10 微米）。与周围地区相比，南极的臭氧层极其稀薄，仿佛天空漏了一个大洞，“臭氧洞”这个形象的称谓由此而生。

南极臭氧洞

自南极臭氧洞首次被发现以来，往后的每年，人们都在南极上空观测到了臭氧洞。不过，南极臭氧洞并不是全年都在，而是只在南极的春季出现。通常，南极臭氧在 7 月下旬开始减少，8 月中旬后出现较为明显的臭氧洞，9 月下旬至 10 月上旬臭氧洞的面积最大，10 月底后臭氧急剧增加，臭氧洞逐渐被填塞，至 12 月中旬恢复正常，此后便不再有臭氧洞。

臭氧空洞的“真凶”

当你使用冰箱、空调、灭火器、发胶、涂改液时，它们可能会排放出一种叫“氟利昂”的东西！这家伙一旦被排放到大气中，便想方设法蹿入平流层。当南极冬季（6—8 月）到来，南极平流层的极地涡旋中出现长时间的低温，冰晶云随即形成。氟利昂立刻抓住机会，吸附在冰晶云表面。当极夜结束，太阳再次照耀南极，紫外线将氟利昂中的氯原子分解出来，它们“掠夺”臭氧中的氧原子，导致臭氧层越来越稀薄，直至出现一个大“洞”。

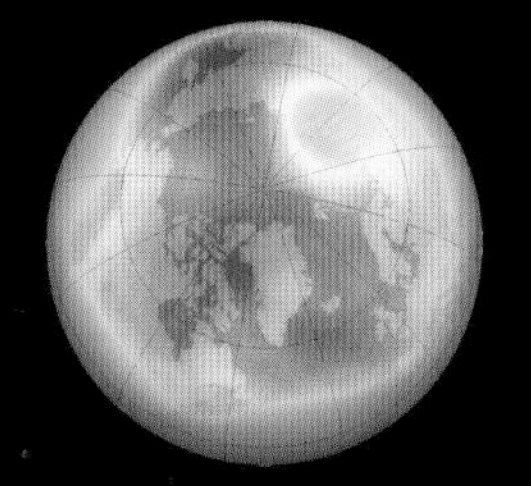
2018 年 3 月

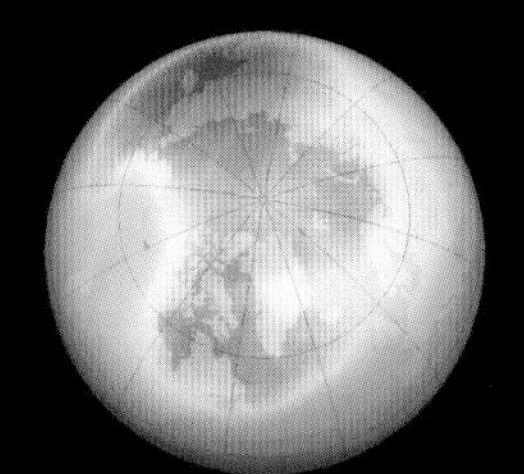
2019 年 3 月

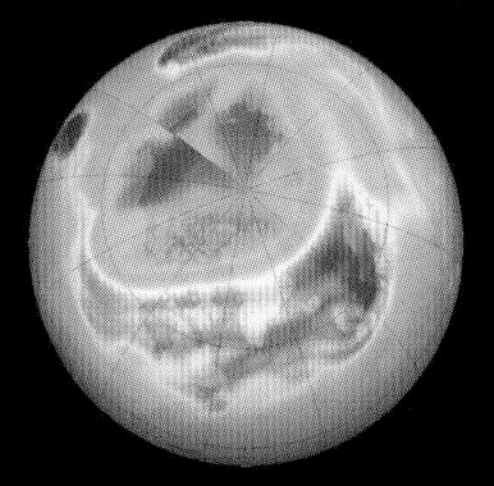
2020 年 3 月

北极臭氧洞

南极是一块被海洋包围的冰雪大陆，北极却是一块被大陆包围的冰雪海洋，无论冬春，北极平流层极地涡旋的温度一直比南极高，很难形成冰晶云，氟利昂无法在此“搞破坏”。所以近 40 年来，南极每年春季都会出现臭氧洞，而北极很难出现臭氧洞。不过，在 2020 年 3 月 12 日，北极上空也首次出现了臭氧洞。

一起“补天”吧！

9 月 16 日是“国际保护臭氧层日”。为了保护臭氧层，我们能做些什么？

❶ 请购买带有“无氯氟化碳”标志和低碳环保的产品。

❷ 当空调不制冷，需要更换含氟制冷剂时，请要求维修人员回收空调内的含氟制冷剂，不要将其排放到大气中。

❸ 请选用安全有效的替代物来替代破坏臭氧层的杀虫剂。

❹ 请替换在办公室和生产过程中所用的消耗臭氧层的物质，如发泡剂、制冷剂、清洗剂等。

平静的海面上飘过一排排淡积云。

海上奇遇记

去极地，免不了要与海洋打交道。那就登上极地科学考察船，一路乘风破浪，前往世界的尽头吧！

赤道无风带

不要以为海上到处是惊涛骇浪，赤道处就有一个赤道无风带，海面风平浪静，如同铺了一层蓝黑色的丝绒，考察船行驶于此，颇有泛舟昆明湖的感觉。浩瀚的大海上看不见飞鸟，偶尔有飞鱼像燕子似的从海面掠过。天边是一排排的淡积云和浓积云，宁静极了。

天边的浓积云

“尖叫六十度”没有山丘阻挡，风暴浪潮更为恶劣。

“狂暴五十度”有着更强烈的风暴和大浪。

“咆哮四十度”几乎每天都是狂风骇浪。

咆哮西风带

海上风浪最大的地方处于南纬40°~65°，也就是大名鼎鼎的“咆哮西风带”，这里的海浪可高达几十米，是赴南极的一道“鬼门关”。在惊涛骇浪中，船只上下颠簸，左右摇晃，怒吼的波涛冲撞船体发出“哐当、哐当”的巨响，令人头晕目眩又心惊胆战。“一言不发、二目无光、三餐不思、四肢无力、五脏翻腾、六神无主、七窍生烟、八方不适、久卧不起、实在难受”，正是穿越咆哮西风带的生动写照。

在狂风巨浪的西风带，考察船一路连续不断地遭遇气旋的“围追堵截”，有的气旋还十分诡异，忽左忽右，忽东忽西。颠簸摇晃了几天后，船终于驶过了最艰险的航段。

冰山一角

过了西风带，冰山很快就会出现。此时，船长会让大家把预计首现冰山的纬度写在纸上，预测对的还有奖品哟。

这些冰山是冰盖或冰架崩塌、断裂后形成的，大部分藏在水下，给海上航运带来了极大的威胁。泰坦尼克号冰海沉船的惨剧时刻在给大家敲响警钟，所以在极地航行时，船长会对冰山保持高度警觉。

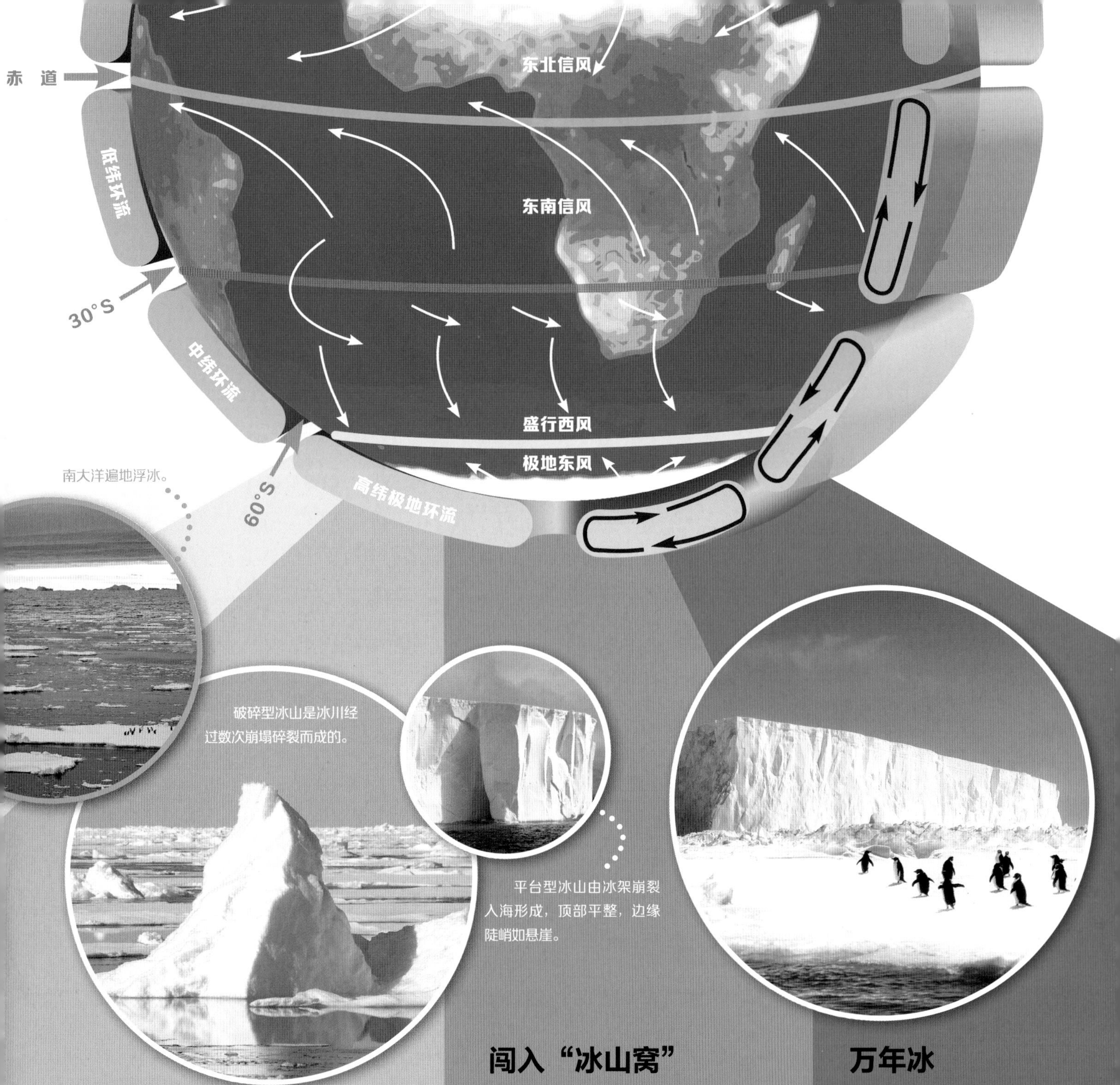

南大洋遍地浮冰。

破碎型冰山是冰川经过数次崩塌碎裂而成的。

平台型冰山由冰架崩裂入海形成，顶部平整，边缘陡峭如悬崖。

破冰前进

随着冰山的增多，海面上的浮冰也从无到有，越来越多。开始时浮冰是小块的，如乒乓球桌大小；之后块头变大，其中一些浮冰有篮球场、足球场那么大，更大的甚至有数百、数千平方米。

考察船只能破冰前进了。有时冰上还有企鹅，主要是阿德利企鹅，偶尔还能看到卧在冰上的海豹。

闯入“冰山窝”

一旦闯入“冰山窝”，蓝天碧海之间，密密麻麻的冰山如同满天星斗。冰山的大小和姿态各异，有的如起伏的山峦，有的像金字塔，长度从几十米到数百米不等，200米长的平台型冰山都算是比较秀气的。

此时，在船舷两侧，一座座奇形怪状的白色冰山漂浮在灰蒙蒙的海面上，如幽灵一般时隐时现，悄无声息地向船后方疾驰而去。值班的舵手必须紧紧把着舵，时刻紧盯海面，加强瞭望。

万年冰

南北极冰盖、冰川和冰山的冰，形成和沉积的时间很长，俗称“万年冰”，里面有许多承受着巨大压力的小气泡。当破冰船抵达入海口，船长捞起一块“万年冰”，放入盛有饮料的杯中，气泡“啵”的一声破裂，发出清脆悦耳的声音。紧接着，大家纷纷举杯互相祝贺。欢迎来到极地！

极地雪藻

南极半岛是南极大陆最大、向北伸入海洋最远的半岛，这里的岩石上生活着许多苔藓和地衣。

"西瓜雪"是极地雪藻的杰作。

极地植物园

如果你以为极地是植物的禁地，那就大错特错了！在北极温暖的夏季，苔藓、地衣贴着地皮疯狂生长，仙女木、蝇子草、北极罂粟竞相绽放，整个北极仿佛一座热闹的大花园。不过，南极依旧一副冰山美人的模样，只看得见一星半点的苔藓和地衣。

无茎蝇子草

90多种

在北纬 80°左右的格陵兰岛北部地区，你仍然可以看到 90 多种开花植物，它们无疑是地球上纬度最高的开花植物。

北极柳

北极柳小得可怜，只能贴着地皮匍匐生长，3 厘米便算得上"参天大树"。

四棱岩须

北极罂粟

北极罂粟选择用花朵收集阳光。杯形花朵如同凹面镜，将太阳的热量聚集到中心的花蕊上，以保证花蕊里的种子尽快成熟。要说明的是，这种植物是野生的，不能制毒。

南极冒险岛

在南极，生存似乎是一场巨大的冒险。这里极端严寒、干燥、风大、日照少、营养缺乏、植物生长季节短，仅有 850 多种植物顽强地存活了下来，且多数为低等植物，其中有 350 多种地衣、370 多种苔藓、130 多种藻类。以此观之，南极算得上是地球上植物最稀少的地区之一。

如果你非要在南极白茫茫的冰川和海冰上找几株植物，恐怕只看得到雪藻、冰藻等。雪藻可以生长至雪深 25 厘米处；冰藻附生于固定冰区和浮冰上，可挂入水中数十厘米至数米。

北极苔原乐园

如果一路向北前往北极，你会发现，沿途的树木越来越低矮，越来越稀疏，直至不见踪影。很快，矮小的灌木、禾草、地衣、苔藓开始笼盖四野，形成新的植物群落——北极苔原。

北极苔原虽然无法与"绿色天堂"热带雨林相提并论，但与南极相比，却宛如一个植物乐园。这里有 3000 多种地衣、500 多种苔藓、900 多种开花植物。

7 月初

此时北极正值夏季，北极棉迎来盛花期，尽情绽放。

8 月中旬

随着一场场秋雨，北极棉逐渐凋萎，绒毛在秋风中脱落，飘散。

9 月初

随着花败絮落，茎叶枯黄，北极棉风韵不再。

北极棉

北极棉并不是真正的棉花，它的绿色草茎上顶着一个白色的小绒球，绒球内包裹着种子。即使天气再冷，种子也可以安心地待在绒球里。

一旦北极棉开始凋萎，状如棉絮的白色绒毛会像蒲公英一样随风飞散，四处播撒种子。

“天涯何处无芳草”

斯瓦尔巴群岛地处挪威西北部的北极苔原带。在古挪威语中，“斯瓦尔巴”意为“寒冷海岸”，但这片寒冷海岸堪称“北极明珠”。这里遍布着如绒毯般的苔藓、色彩斑斓的北极罂粟、开出紫红色花朵的无茎蝇子草、久负盛名的仙女木，还有趴在地上的北极柳，以及惹人爱的“雪绒花”——北极棉。

北极苔原带也能见到成片的小花园和水草肥美的景象，真可谓“天涯何处无芳草”！

短暂而绚烂

虽然在苔原生活算不上冒险，但植物也得抓紧时间生长，因为它们的生长周期极短，每年只有 2 ~ 4 个月的生长期。而且它们的根只能向下自由伸展大约 30 厘米，再往下是坚如磐石、无法穿透的永久性冻土层。

为了充分利用短暂的夏季，开花植物得在两个月甚至一个半月的时间内完成发芽、开花、结果。到了漫长的冬季，它们停止生长，等待来年的“春风吹又生”。

秋天色彩斑斓的北极苔原

冰雪精灵出没

在极端严寒的北极，一些动物演化出白色的皮毛，让自己与近乎纯白的冰天雪地完美地融为一体。捕食者无法辨认，猎物也常被迷惑，这就是它们的生存之道，也是对适者生存法则的最好诠释！

在北极，碰上北极熊可不是幸运的事。这里，提醒大家提防北极熊出没的警示牌随处可见。

北极狐经常偷吃北极燕鸥的蛋和幼鸟。北极燕鸥一旦发现，就会追着北极狐一顿暴揍。

北冰洋之王——北极熊

别被北极熊呆萌的外表骗了，它是陆地上体形最大的食肉动物，是北极的“老大”。它看起来浑身雪白，毛发其实是中空透明的“小管道”，这些“小管道”会散射和反射光线，才使毛发看起来呈白色或浅黄色。对了，它的皮肤是黑色的。

北极燕鸥

在北极，北极燕鸥只能屈居“老二”。不过，它和北极熊一样，也是配有警示牌的动物。北极燕鸥的独门秘密武器是吐口水和拉屎，它的屎腥臭无比，连北极熊也不敢轻易招惹它。北极燕鸥体重仅120克左右，却是地球上迁徙距离最长的候鸟，可以从北极飞抵南极，往返行程达4万多千米。它双翅展开的长度是体长的2～3倍，飞起来很省力。在中国许多湖泊和海面，如青海湖、东海等，人们偶尔也能看到它的倩影。

海豹是哺乳动物，虽然很会憋气，但也得出水呼吸。为此，它们在冰面上凿出了许多呼吸孔。

虽然北极熊也会游泳，但游泳耗费的精力约是步行的5倍，所以它更乐意在海冰上狩猎。

北极熊主食海豹，会捕食在冰上晒太阳的海豹，也会连续几小时苦苦守候在冰面的呼吸孔旁，等待海豹自投罗网。一旦海豹露出头，北极熊飞快地朝它一巴掌拍过去，这一掌很厉害，常常能把海豹的脑壳打碎。不过，这一巴掌如果扑空，海豹逃进水里，大部分北极熊会放弃追捕，毕竟水下不是它的地盘。北极熊除了抓海豹，还会捕鱼，吃海带、鸟蛋。实在饿极了，它甚至会吃草。

雪 鸮

雪鸮是一种体形庞大的猫头鹰，集霸气、勇猛、呆萌于一身。它拥有非比寻常的视力，双眼像望远镜一样，能远距离锁定猎物。不过，和许多猫头鹰不一样的是，它白天活动，夜晚休息。

驯 鹿

驯鹿无论雌雄，都有一对树枝状的犄角，且每年更换一次。

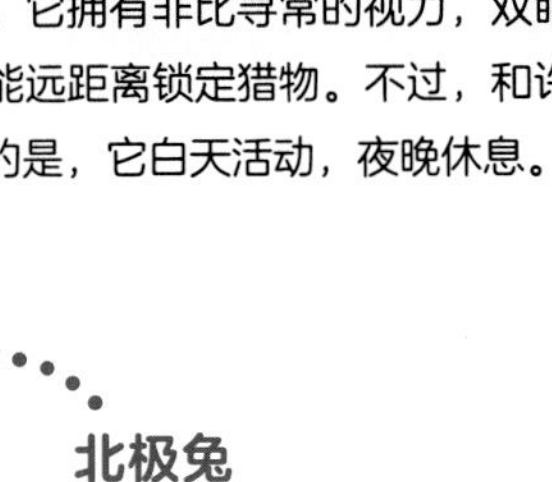

北极兔

北极兔比一般的兔子大得多，但这丝毫不影响它的速度，它跳跃时的速度接近50千米/时，四脚着地奔跑时，速度可达60千米/时。

旅 鼠

在北极，似乎谁都能对旅鼠大开杀戒。好在它们繁殖能力极强，即使被捕杀得所剩无几，每隔几年，种群数量又会迎来大爆发，突然增至之前的近千倍。

北极狼

北极狼是凶猛的食肉动物，雄狼在指挥捕猎时，总会选择一头弱小或年老的驯鹿或麝牛下手。刚开始，狼群从四面包抄，慢慢靠近；一旦时机成熟，北极狼便会发动突袭。若猎物企图逃跑，它们便会分成几队，轮流作战，直到狩猎成功。

白 鲸

在蓝色的冰海中，“海中金丝雀”白鲸喜欢载歌载舞，它们发出欢快的滴答声、咯咯声、口哨声，响彻百里以外。不过，白鲸宝宝刚出生时全身呈深灰色，7~9岁时才完全变白。

北极狐

和北极兔、北极狼等动物一样，北极狐也是极地“变色龙”，它冬季时通体雪白，与冰雪浑然一体；到了夏季，岩石露出地表，它又换上一身灰黑色皮毛。北极狐还是位“捕鼠达人”，只要听到旅鼠在雪下走动，就会迅速确定旅鼠的位置，然后高高跳起，一头扎进雪里，朝旅鼠猛扑过去。

神奇动物在哪里？

虽然南极被坚冰白雪覆盖，厚厚的冰川折射出幽蓝色的冷光，暴风雪也不时肆虐大地，但这里并非是想象中终年苦寒的寂静之地、生命禁区。在南极的海洋、陆地和天空，一群神奇动物找到了自己的生存之道。

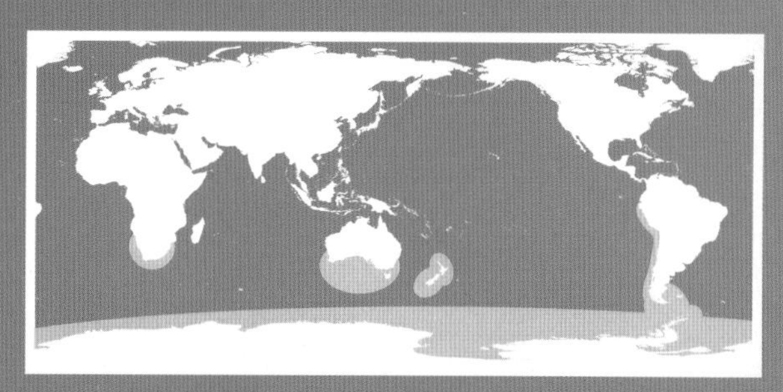

企鹅的分布范围

企鹅王国

企鹅是南极的象征，它们身着“燕尾服”，迈着一双小短腿，走起路来左摇右晃。企鹅的脚长在身体的最下部，站立时呈直立姿势，昂首如企望状，故而得名企鹅。虽然它们是鸟类，但由于大部分时间生活在水中，两翼早已退化为鳍状肢。鳍状肢非常适合游泳和潜水，却无法支持飞行。

现代企鹅有18种，其中数量最多的是阿德利企鹅，体形最大的是身高可达120厘米的帝企鹅，游泳速度最快的是白眉企鹅。

知识加油站

如果把胖乎乎、慢吞吞的企鹅带到北极，它可能很快就会沦为北极熊、海豹、北极狐的猎物。即使它侥幸躲过捕杀，也无法在北极安家落户，因为那里没有它喜爱的食物——南极磷虾，而且它也不能适应北极的气候……

小企鹅
身高：30～35厘米
栖息地：澳大利亚到新西兰一带

黄眼企鹅
身高：62～69厘米
栖息地：新西兰南岛一带

南美企鹅
身高：61～76厘米
栖息地：南美洲南部海岸

白眉企鹅
身高：75～90厘米
栖息地：南极大陆及其附近岛屿

帝企鹅
身高：90～120厘米
栖息地：南极大陆

企鹅在哪里?

企鹅主要分布在南极大陆及其附近岛屿、新西兰、澳大利亚南部、非洲南部和南美洲南部。它们中的大多数栖息在南半球寒冷的海水中，但也有一些生活在有寒流流经的热带地区。

在中国南极长城站，最常见的是阿德利企鹅、白眉企鹅和帽带企鹅；在南极中山站，除了阿德利企鹅，还能见到帝企鹅和王企鹅。那些长冠的企鹅和众多的小企鹅，主要生活在纬度更低的地区。在南美洲西岸，由于海上有秘鲁寒流，一些企鹅沿寒流北上，一直来到位于赤道的加拉帕戈斯群岛。加岛环企鹅是栖息地最靠北的企鹅，也是唯一生活在赤道地区的企鹅。至于动画片《马达加斯加的企鹅》中的“企鹅四贱客”，它们是虚构的角色，现实中马达加斯加并没有企鹅。

海洋蛋白库——磷虾

南极磷虾个头不大，体长一般只有3～5厘米，是企鹅、海豹、须鲸等的主要食物来源，是维持南大洋海洋生态平衡的关键，也是地球上最大的海洋蛋白库。

凶猛的杀手——虎鲸

虎鲸是南极地区最凶猛的杀手，企鹅、海豹都是它的猎物。

南极小霸王——豹海豹

豹海豹号称“南极小霸王”，它的食性较广，除了吞食磷虾、鱼外，还喜欢捕食企鹅、飞鸟。

空中强盗——贼鸥

贼鸥是企鹅的天敌，这位“空中强盗”经常偷吃企鹅蛋和袭击小企鹅。

200厘米

科学家曾在新西兰发现一种古企鹅化石，它的身高可达200厘米。

王企鹅
身高：70～100厘米
栖息地：南极大陆及其附近岛屿

帽带企鹅
身高：68～76厘米
栖息地：南极大陆及其附近岛屿

南非企鹅
身高：68～70厘米
栖息地：南非沿海

阿德利企鹅
身高：46～75厘米
栖息地：南极大陆及其附近岛屿

长眉企鹅
身高：45～58厘米
栖息地：南半球大多数地方

极地未竟事

南北极虽然“远在天边”，却是我们地球家园最神奇和最美丽的地方，那片冰山雪海里有企鹅、北极熊、苔原、冰原、极光和午夜的太阳……然而，全球变暖让它们处于急剧变化之中，新的问题总是不断出现。

北极冰川正在加速融化。

南北极，变变变

近百年来，南北极的气候正在发生变化，而且有着明显的时间和空间差异。大气中二氧化碳浓度增加导致全球温室效应加剧，北极变暖、冰盖融化、海冰减少现象十分显著。南极半岛所在的西南极洲也出现了增温、冰架崩塌现象。

在全球变暖的背景下，南极冰盖变得越来越不稳定。

一旦北极冻土解冻，1.4 万年前的猛犸象化石就可能显现出来。

永久性冻土里的“古老病毒”复苏，有可能带来一场巨大的噩梦。

新问题发生……

极地的气候变化很难用单一的温室效应来解释，但全球变暖的确导致极地生态和环境发生巨变，新发现和新问题层出不穷。随着越来越多的永久性冻土解冻，数万年前的很多远古生物化石显现，有可能会释放出大量病毒；由于北极永久性冻土迅速坍塌，每年可能有数十亿吨“解封”的甲烷和二氧化碳进入大气层，新的环境问题又会出现……

冰下湖与世隔绝

极地冰盖、冰架和海冰下存在着大量未知的领域。1998 年，科考人员在东方站钻取冰芯时，在冰下约 3623 米处惊奇地发现了一个冰下湖——东方湖，湖中储存着与世隔绝了千万年的“原始水”。目前在南极冰盖下，人们已发现近 400 个冰下湖泊，中国昆仑站的冰下也可能有冰下湖。南极冰下湖和其中未知微生物种群和生态系统的研究等，是极地科考人员面临的最具挑战性的前沿科技难题之一。

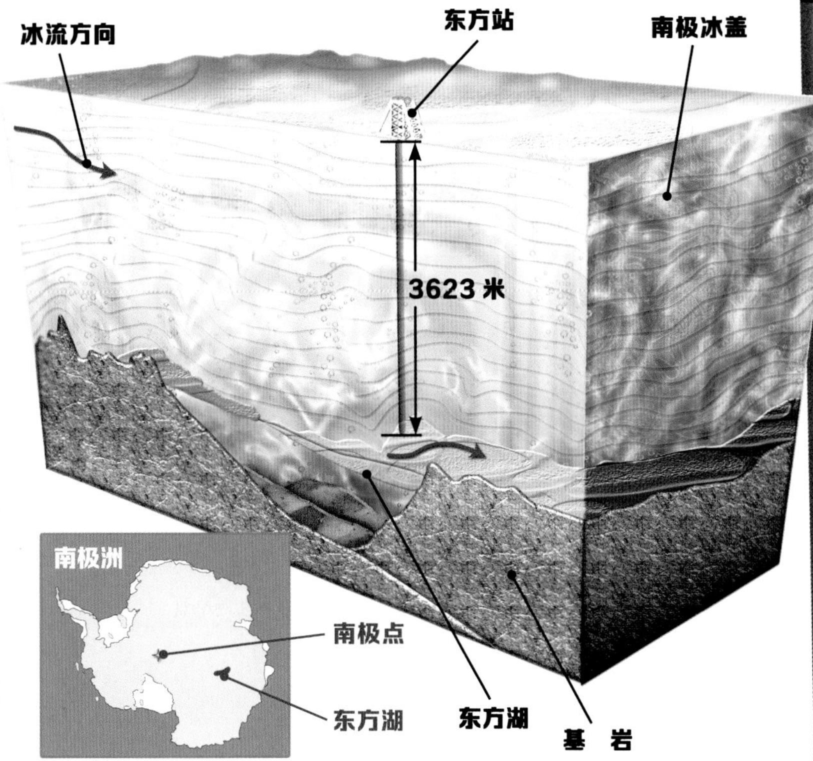

东方湖是南极洲最大的冰下湖，高压、黑暗、寒冷、食物匮乏的湖水里，可能有与世隔绝数十万年以上的生命存在。

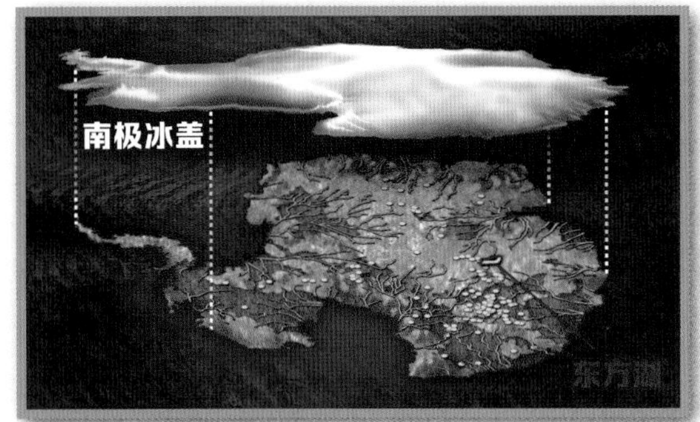

冰盖下掩藏着一个庞大的冰下水系。

保护南极，中国在行动！

人类只有一个地球，环境被污染后，影响往往很难消除。为了尽可能保护南极环境，我国在长城站和中山站建立了多个生态保护区。站区有完善的污水处理系统和垃圾焚烧装置，还有严格的垃圾分类和废品回收制度。去冰盖野外考察时，车队也带有流动厕所，所有排泄物都会被封装好带回考察站，进行集中销毁处理。

知识加油站

号称“白色荒漠”的南极也能种菜了！2015 年，长城站的温室蔬菜实验室搭建完成。这个仅 16 平方米的“南极菜园”里，经过无土栽培、自动灌溉，每月有 60 千克的绿生菜、嫩黄瓜、小番茄等从温室来到了餐桌。

极地小番茄

长城站温室蔬菜实验室

极地欢迎你！

也许，将来的某一天，说起极地，我们会想到企鹅、北极熊、冰川和极光以外的其他东西。那些最具挑战性的问题、未被解答的难题，或许只有真正去极地，才能找到答案。在此过程中，期望更多有志者积极投入，极地欢迎你！

名词解释

北极：地球的北端，在北极圈（北纬66°34′的纬线）以北，包括核心部分的北冰洋、边缘陆地海岸带及岛屿、北极苔原和最外侧的针叶林带（泰加林带），是一片被大陆包围的冰雪海洋。

北极航道：由加拿大沿岸的“西北航道”和大部分航段位于俄罗斯北部西伯利亚沿岸的“东北航道”两条航道构成的航道。

北极苔原：北冰洋海岸与泰加林带之间广阔的冻土沼泽地带。北极苔原大部分在北极圈内，最热月平均气温为0～10℃，主要生长苔藓、地衣类植被，属荒漠苔原气候，该地域最大的特点是有一层很厚的永久性冻土。南半球相应纬度为大洋围绕，除个别岛屿外，基本不存在苔原。

冰盖：位于极地，面积巨大、冰层很厚、覆盖大片陆地的固定冰层。南极冰盖和格陵兰冰盖的总轮廓大致呈盾形，中心凸起，向四周降低，冰川作放射状流动。人们可在冰盖上钻取冰芯，获取有关古气候变化的资料。

冰架：冰盖或冰川前端向前延伸，漂浮于海洋部分的冰体。冰架厚度可达千米以上，现主要存在于南极冰盖和格陵兰冰盖周边以及加拿大北极地区。南极罗斯冰架是世界上最大的冰架。

冰穹：冰盖上呈圆丘状或平台状地貌特征的地域。其中，冰穹A是南极冰盖最高、距海岸线最遥远的一个冰穹，其最高点海拔为4093米，中国南极科学考察站昆仑站就建在附近。

冰山：浮在海洋中的巨大冰体，是两极冰川末端崩裂，滑落海洋中形成的。

地极：地球自转轴与地面的交点。

地磁极：分别位于地球南北两极附近的（不是某些地磁异常区内的）、地磁水平分量等于0（即磁倾角等于90°）的两个点。其位置经常缓慢移动。

东南极洲：狭长的横贯南极山脉将南极大陆分隔为东、西两部分。横贯南极山脉朝向印度洋一侧的地域为东南极洲，朝向太平洋一侧的为西南极洲。中国南极科学考察站中山站在东南极洲，长城站在西南极洲。

坏血病：一种因长期缺乏维生素C而引起的营养缺乏症。

极光：出现在高纬度高空的辉煌瑰丽的彩色光象。呈带状、弧状、幕状或放射状。亮度一般像满月，常带红、绿等色彩。由太阳发出的高速带电粒子在地球磁场作用下折向南北两极附近，使高层空气分子或原子激发或电离而成。

极夜：亦称永夜。高纬度（极地）地区冬季特有的持续24小时黑夜的现象。

极昼：亦称永昼。高纬度（极地）地区夏季特有的持续24小时白昼的现象。

南极：按《南极条约》的规定，南极地区为南纬60°以南的海洋、岛屿和大陆的总称，是一块被海洋包围的冰雪大陆。

南极臭氧洞：南半球春季，在南极地区上空出现的，由人为排放的含氯和溴的污染物质与该地区特定气象条件共同造成的、大气臭氧柱总量较常年平均值低30%～40%的臭氧层损耗现象。

咆哮西风带：南纬40°～65°间海洋和邻近地区，一年四季持续存在的强劲西风。咆哮西风带是前往南极的第一道关口。

西南极洲：见“东南极洲”。

尤娜谜：最近几十年在北极地区发生的，包括陆地温度上升，海冰面积减少、厚度变薄，冰盖边缘消融，雪盖减少，径流、雨量、融雪增加，海水盐度降低等多个变化在内的北极环境要素复合体的快速变化。

作者简介

陆龙骅

中国气象科学研究院研究员，中国气象科学研究院学术委员会委员，极地气象研究室主任，中国气象学会冰冻圈与极地气象委员会学术顾问，普及工作委员会委员。多年从事青藏高原气象、极地气象与全球变化等研究，并多次前往南极和北极考察。

图书在版编目（CIP）数据

南极和北极 / 陆龙骅著. — 上海：少年儿童出版社, 2024.3
（中国少儿百科知识全书）
ISBN 978-7-5589-1872-8

Ⅰ. ①南… Ⅱ. ①陆… Ⅲ. ①南极—少儿读物②北极—少儿读物 Ⅳ. ①P941.6-49

中国国家版本馆CIP数据核字（2024）第033262号

中国少儿百科知识全书
南极和北极
陆龙骅 著
刘芳苇 魏嘉奇 装帧设计

责任编辑 沈 岩 策划编辑 王惠敏
责任校对 陶立新 美术编辑 陈艳萍 技术编辑 许 辉

出版发行 上海少年儿童出版社有限公司
地址 上海市闵行区号景路159弄B座5-6层 邮编 201101
印刷 深圳市星嘉艺纸艺有限公司
开本 889×1194 1/16 印张 3.75 字数 50千字
2024年3月第1版 2024年3月第1次印刷
ISBN 978-7-5589-1872-8/N · 1272
定价 35.00 元

图片来源 图虫创意、视觉中国、站酷海洛、Getty Images、NASA 等
审图号 GS（2023）4128号